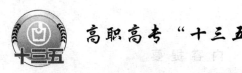
高职高专"十三五"规划教材

矿井通风技术

黄玉焕　编著

U0323160

北京
冶金工业出版社
2017

内 容 提 要

本书共分 11 章,内容主要包括绪论、矿井空气、矿井风流的基本特性及其测定、矿井风流流动的能量方程及其应用、矿井通风阻力、矿井通风动力、矿井通风网路中风量分配与调节、掘进工作面通风、矿井通风设计、矿井通风测定和通风系统管理、矿井防尘等内容。

本书可供高职高专金属矿开采技术专业学生使用,也可供从事地下非煤矿山通风防风工作的技术人员参考。

图书在版编目(CIP)数据

矿井通风技术/黄玉焕编著. —北京:冶金工业出版社,2017. 1

高职高专"十三五"规划教材
ISBN 978- 7- 5024- 7388- 4

Ⅰ.①矿… Ⅱ.①黄… Ⅲ.①矿山通风—高等职业教育—教材 Ⅳ.①TD72

中国版本图书馆 CIP 数据核字(2016)第 325901 号

出 版 人 谭学余
地   址 北京市东城区嵩祝院北巷 39 号 邮编 100009 电话 (010)64027926
网   址 www. cnmip. com. cn 电子信箱 yjcbs@ cnmip. com. cn
责任编辑 杨盈园 美术编辑 杨 帆 版式设计 葛新霞
责任校对 卿文春 责任印制 李玉山
ISBN 978-7-5024-7388-4
冶金工业出版社出版发行;各地新华书店经销;固安华明印业有限公司印刷
2017 年 1 月第 1 版,2017 年 1 月第 1 次印刷
787mm×1092mm 1/16;12 印张;291 千字;182 页
29. 00 元

冶金工业出版社 投稿电话 (010)64027932 投稿信箱 tougao@cnmip. com. cn
冶金工业出版社营销中心 电话 (010)64044283 传真 (010)64027893
冶金书店 地址 北京市东四西大街 46 号(100010) 电话 (010)65289081(兼传真)
冶金工业出版社天猫旗舰店 yjgycbs. tmall. com
(本书如有印装质量问题,本社营销中心负责退换)

前　言

　　金属与非金属矿的地下开采是生产原材料的基础工业，在整个国民经济发展中占有重要地位。随着国民经济的快速发展，金属与非金属矿地下开采的技术水平提高很快，矿产的开采深度和强度不断增加，工作环境相对恶劣，保证狭小作业空间的空气质量至关重要。矿井通风是矿井安全生产的基本保障，是保证矿山从业人员生产正常进行的前提条件。因此，在了解和掌握矿井通风的基础知识和基础理论的同时，不断加强矿井通风管理，依据风流在矿井内的运动规律，通过机械通风等方式，不断为矿井提供新鲜空气，排出矿井内有毒有害物质，为矿山安全运行创造良好环境，实现矿山的可持续发展。

　　本书是为更好地适应高职教育的特色和项目导向教学而编写的教材。本教材最大的特点是学习任务项目化、学习内容模块化以及"教、学、练"工学结合，以便于组织工学结合的项目法教学、任务驱动教学模式。本书分为 11 章。主要内容包括绪论，矿内空气组分、有毒有害物质的性质及其检测，矿井风流的基本特性及其测定，能量方程及其在矿井通风中的应用，矿井通风阻力及其计算，矿井通风动力、通风设备及其选型，通风网路风量调节分配，掘进工作面通风，矿井通风系统设计，矿井通风系统测定和矿井通风系统管理，矿井粉尘的性质、危害、测定技术及其综合防治措施等。本书供高职高专金属矿开采技术专业学生使用，也可供从事地下非煤矿山通风防尘工作的技术人员参考。

　　本书由黄玉焕编写，季惠龙参与编写。在本书编写过程中，铜陵有色金属公司冬瓜山铜矿为本书提供了宝贵的技术资料，昆明理工大学谢贤平教授、昆明冶金高等专科学校段永祥教授提出了宝贵意见，作者在此表示衷心的感谢！

　　由于编者水平所限，书中不妥之处，敬请广大读者批评指正。

作者

2016 年 8 月

目　录

第1章 绪 论

1.1 概 述

采矿工业是生产原材料的基础工业，在国民经济发展中占有重要地位。矿井通风与防尘是防止矿内空气污染，保护矿工安全健康，促进矿业发展的一个重要方面。采矿生产中引起矿内空气污染的主要物质是有毒有害气体和粉尘。矿内常见的有毒气体有一氧化碳（CO）、二氧化氮（NO_2）、二氧化硫（SO_2）和硫化氢（H_2S）。有毒气体中毒可使人员在短时间内丧生。使用柴油机作业的矿井，柴油机废气中的有害物质有氮氧化物、一氧化碳、醚类和油烟。其中，油烟含有致癌物质苯并芘。开采含铀金属矿床时，矿内空气中含有氡及氡子体，长期吸入这类有害物质可引起肺癌。开采含碳质页岩或煤层的矿床时，从岩层中可析出具有爆炸性的甲烷（CH_4）和其他烃类物质。采矿生产中几乎所有作业工序都产生粉尘，其中凿岩、爆破、装运和破碎工序产尘量较大。粉尘的主要危害是引起尘肺病和矿尘爆炸。此外，矿内热源散热和水分蒸发可使空气温度和湿度增加。长期在高温、高湿环境下劳动可使人员患湿疹或中暑，严重时亦可致命。

矿井通风是在机械或自然动力作用下，将地面新鲜空气连续地供给作业地点，稀释并排出有毒有害气体和粉尘，调节矿内气候条件，创造安全舒适工作环境的工程技术。矿井防尘是在采矿生产过程中所采取的尘源控制技术和含尘空气的净化技术。矿井通风与防尘的主要作用在于控制污染物浓度和空气温度，使之达到安全卫生标准。矿井通风与防尘是以流体力学和热力学为理论基础，运用动量、质量、热量传递原理，研究矿内风流运动与污染物运移和沉降的规律以及各项安全卫生工程技术措施。

1.2 矿井通风课程的特点及学习方法

《矿井通风技术》是高职高专金属矿开采技术专业的一门重要专业课程，矿井通风不仅是一门工程技术，而且也是一门综合性学科。在教学和学习中不仅要应用流体力学、热力学、空气动力学等理论，还要与矿床开采、井巷工程、矿山环保及安全技术等课程密切地结合起来，才能在之后的实际工作中有效地进行矿井通风的设计和通风防尘的监测。

本课程的基本理论比较系统、完整，学习时应重点掌握矿内大气的性质和风流运动的基本规律，掌握矿井通风防尘的检测方法、技术管理措施和设计计算方法。随着我国采矿工业的发展，为不断深化对矿井通风防尘技术理论的研究，引进、开发新的技术措施与先进设备打好基础，尽快把我国矿井通风防尘科学技术水平提高到一个新的高度，赶上并超过世界先进水平，应成为我国每位采矿工作者一项十分光荣的使命。

本课程具有较强的实践性，它所研究的问题都是来自于生产实践，在学习过程中要注意理论联系实际，结合矿井具体条件，应用所学的理论知识去解决矿井通风与防尘中的实际问题，要通过实验、实习、实训及设计等实践性教学环节，培养学生理论与实际结合的能力。

第 2 章 矿 井 空 气

【教学要求】 了解矿井空气成分与地面空气成分的差异，矿井有毒有害气体的来源，CO、CO_2、NO_x、SO_2、H_2S 等有毒有害气体的性质及其允许浓度，矿井辐射的基本概念，氡的性质，氡及其子体的危害，矿井辐射防护剂量限值，矿井中氡的来源，矿尘的特点，矿尘的产生及分类，矿尘的危害，矿井气候对人体的影响，衡量矿井气候条件的指标，矿井气候条件的安全标准。重点掌握矿井内有毒有害气体及矿尘的特征和危害，难点是对氡及其子体和辐射单位的理解。

【学习方法】 以记忆为主，通过比较加深理解地面和井下空气的差别，通过一些中毒案例深刻体会矿井有毒有害气体和矿尘的危害性。

2.1 矿井空气的主要成分及性质

矿井空气是指矿井内各种气体、水蒸气和矿尘等混合物的总称。地面空气进入矿井后，由于物质氧化、分解和其他气体与矿尘的混入，成分发生变化，O_2 减少，CO_2 增加，混入的有毒有害气体通常有 CH_4、CO、CO_2、NO_x、SO_2、H_2S、H_2 等，井下有内燃设备的还有内燃机的废气，开采含铀（U）、钍（Th）等伴生元素的金属矿床时，还将混入放射性气体氡（Rn）及其子体（RaA~RaD），开采汞、砷的矿井还有可能混入汞和砷的蒸气。矿内空气的温度和湿度主要决定于矿物与岩层的物理化学性质、开采深度、生产工艺、地理和地质因素。个别矿井气温可达 30℃ 以上，随着开采深度的增加，矿井的空气温度还要增加。煤矿和金属矿内空气的相对湿度一般为 80%~90%，涌水量大的巷道内可达 100%。盐类矿涌水量小，盐类吸湿性强，使相对湿度大为降低。水灾、爆炸事故以及大爆破后，矿井空气被进一步毒化。

2.1.1 地面清洁空气的组成

地面清洁空气是由干空气和水蒸气组成的混合气体，亦称为湿空气。

干空气是指完全不含有水蒸气的空气，由氧、氮、二氧化碳、氩、氖和其他一些微量气体所组成的混合气体。干空气的组成成分比较稳定，其主要成分见表 2-1。

表 2-1 干空气的组成成分

气体成分	体积分数/%	质量分数/%	备 注
氧气（O_2）	20.96	23.32	惰性稀有气体氩、氖、氪、氙等计在氮气中
氮气（N_2）	79.0	76.71	
二氧化碳（CO_2）	0.04	0.06	

湿空气中含有水蒸气，其含量的变化会引起湿空气的物理性质和状态变化。

对于高原地区，大气压力减低，空气密度减小，单位体积空气氧气含量也减少。因此，高原地区矿井单位体积的氧气含量相对较少。

2.1.2 矿井空气的主要成分及基本性质

当矿井空气的成分与地面清洁空气近似时，称为矿井新鲜空气。具体来说，矿井新鲜空气是指井巷中用风地点之前、受污染程度较轻，仍然符合安全卫生标准的进风巷道内的空气。矿井污浊空气是指通过用风地点以后、受污染程度较重的回风巷道内的空气。

2.1.2.1 氧气

氧气（O_2）是无色无味的气体，相对分子质量为32，标准状况下（0℃和 $1×10^5Pa$）的密度为 $1.428kg/m^3$，是空气密度的 1.11 倍。氧是一种非常活泼的元素，能够与很多矿物发生氧化反应，氧化反应一般都是放热反应，但许多氧化反应速度很慢，其放出的热量往往被周围物质吸收，而感觉不出放热的现象。

当空气中的 O_2 浓度降低时，就可能使人体产生不良的生理反应，出现种种不舒服的症状，严重时可能导致缺氧死亡。当空气中的 O_2 减少到17%时，从事紧张的工作会感到心跳和呼吸困难；减少到15%时，会失去劳动力；减少到10%~12%时，会失去理智，时间稍长会对生命产生严重威胁；减少到6%~9%时，会失去知觉，若不急救就会死亡。

O_2 是维持人体正常生理机能所需要的气体。人体维持正常生命过程所需的 O_2 量与人的体质、精神状态和劳动强度等有关。一般人体需 O_2 量与劳动强度的关系见表2-2。高原地区空气密度减小，处于高原地区的矿井内单位体积空气 O_2 含量也减少，单位时间内人呼吸的空气体积量有所增大。

矿井空气中 O_2 浓度降低的主要原因有：人员呼吸、矿石或煤及其他有机物的缓慢氧化、矿石或煤自燃、井下发生火灾、矿尘爆炸、炸药爆炸等，此外，矿岩和生产过程中产生的各种有害气体也会使空气中的氧浓度相对降低。

我国《金属非金属地下矿山通风安全技术规范》（以下简称《地下矿通风规范》）规定矿井空气中 O_2 含量不低于20%。

表 2-2 人体需 O_2 量与劳动强度的关系

劳动强度	呼吸空气量/L·min^{-1}	O_2消耗量/L·min^{-1}
休息	6~15	0.2~0.40
轻劳动	20~25	0.6~1.0
中度劳动	30~40	1.2~1.6
重劳动	40~60	1.8~2.4
极重劳动	40~80	2.4~3.0

2.1.2.2 二氧化碳

二氧化碳（CO_2）是无色气体，相对分子质量为44，标准状态下的密度为 $1.96kg/m^3$，是空气密度的 1.52 倍，CO_2 是一种较重的气体；CO_2 溶于水呈弱酸性和略带酸味，对眼鼻和喉黏膜有刺激作用；CO_2 不助燃，也不能供人呼吸。CO_2 密度比空气大，在风速较小的巷道底板附近浓度较大；在风速较大的巷道中，一般能与空气均匀地混合。

矿井空气中 CO_2 的主要来源有：含碳物质或煤及有机物的氧化或燃烧、人员呼吸、碳酸性岩石分解、炸药爆破、煤炭自燃、瓦斯和煤尘爆炸等。

CO_2 对人的呼吸起刺激作用。当肺气泡中 CO_2 增加 2% 时，人的呼吸量就增加一倍，人在快步行走和紧张工作时感到喘气和呼吸频率增加，就是因为人体内氧化过程加快，CO_2 生成量增加，使血液酸度加大刺激神经中枢，因而引起频繁呼吸。在急救 CO、H_2S 等有毒气体中毒的人员时，可首先让其吸入含 5% CO_2 的氧气，以增强其肺部的呼吸。

当空气中 CO_2 浓度过大，造成 O_2 浓度降低，可以引起缺氧窒息。当空气中 CO_2 浓度达 5% 时，人就出现耳鸣、无力、呼吸困难等现象；CO_2 达到 10%~20% 时，人的呼吸处于停顿状态，失去知觉，时间稍长就有生命危险。CO_2 对人体的危害情况见表 2-3。

表 2-3　不同浓度 CO_2 对人体的危害

CO_2 浓度/%	对人体的危害
0.55	接触 6h 尚无症状
1~2	引起不舒适感
3~4	刺激呼吸中枢，呼吸频率增加，血压升高，脉搏快，头痛，头晕
6	呼吸困难
7~10	几分钟内就意识不清，容易死亡

我国《地下矿通风规范》规定，有人工作或可能到达的井巷，CO_2 浓度不得大于 0.5%；总回风流中，CO_2 浓度不超过 1%。

2.1.2.3　氮气

氮气（N_2）是一种惰性的无色无味气体，相对分子质量为 28，标准状态下的密度为 1.25kg/m³，是新鲜空气中的主要成分。N_2 本身无毒、不助燃，也不供呼吸。但空气中含 N_2 量升高，则势必造成 O_2 含量相对降低，从而也可能造成人员的窒息性伤害。N_2 具有惰性，因此可将其用于井下防火、灭火和防止瓦斯爆炸。

除了空气本身的含氮量以外，矿井空气中 N_2 的主要来源是井下爆破和生物的腐烂，煤矿中有些煤岩层中也有 N_2 涌出，金属、非金属矿床一般没有 N_2 涌出。

2.2　矿井空气中常见的有毒有害气体

2.2.1　矿井有毒有害气体的来源

非煤矿山矿井开采时多采用凿岩爆破方法进行，而爆破后的炮烟主要由 CO 和氮氧化物（NO_x）组成，它们是对人体危害较大的有毒气体。在巷道内作业时，采用柴油发动的装运设备，排出的废气中包括 CO、CO_2、NO_2、SO_2、CH_x、甲醛、丙烯醛等有害气体。此外在掘进井巷中产生大量含游离二氧化硅的粉尘，这些粉尘也是对矿内空气有害的物质之一。矿井内的空气是从地面送入的，在环境污染较严重的工业城市和工厂附近的空气中含有大量烟尘，如 SO_2、CO、H_2S 及其他有机物质，若矿井进风口距污染区较近，则其进风中可能含有毒物质。人排出的二氧化碳气和蛋白质分解、新陈代谢的产物，如臭气、汗味等，也可认为是矿井内空气中的一类有害物质。

2.2.1.1 爆破时产生的炮烟

常用矿用炸药的主要成分为硝酸铵（NH_4NO_3）和木粉等。炸药在井下爆炸后，产生大量的有毒有害气体，其种类和数量与炸药的性质、爆炸的条件和介质等有关。在一般情况下产生的主要成分为 CO 和 NO_x。如果将爆破后产生的二氧化氮（NO_2）按 1L NO_2 折合6.5L CO 计算，则 1kg 炸药爆破后所产生的有毒气体（相当于 CO）为 80~120L。

2.2.1.2 柴油机工作时产生的废气

柴油机的废气成分很复杂，它是柴油机在高温高压下燃烧时所产生的各种有毒有害气体的混合体。柴油机排放的废气量由于受各种因素的影响，变化较大，没有统一的标准。当设备老化和使用管理不善时，柴油机释放的废气往往是井下空气的最大污染源，会严重恶化井下空气。

2.2.1.3 硫化矿物的氧化

在开采高硫矿床时，由于硫化矿物的缓慢氧化除产生大量的热外（在化学热力学中，放热反应方程式的放热量用"−"表示），还会产生二氧化硫和硫化氢气体，例如：

（1）黄铁矿、胶黄铁矿、白铁矿的化学分子式均为 FeS_2，在井下当这些矿石发生氧化自燃时，其有关氧化反应方程式见式(2-1) 和式(2-2)：

$$4FeS_2 + 11O_2 \longrightarrow 2Fe_2O_3 + 8SO_2 - 3312.4kJ \qquad (2-1)$$
$$FeS_2 + 3O_2 \longrightarrow FeSO_4 + SO_2 - 1047.7kJ \qquad (2-2)$$

（2）磁黄铁矿的化学分子式为 FeS，在井下当发生氧化自燃时，其有关氧化反应方程式见式(2-3)：

$$4FeS + 7O_2 \longrightarrow 2Fe_2O_3 + 4SO_2 - 3219.9kJ \qquad (2-3)$$

（3）富硫磁黄铁矿的化学分子式为 Fe_7S_8，在井下当发生氧化自燃时，其有关氧化反应方程式见式(2-4) 和式(2-5)：

$$4Fe_7S_8 + 53O_2 \longrightarrow 14Fe_2O_3 + 32SO_2 - 18077.4kJ \qquad (2-4)$$
$$Fe_7S_8 + 15O_2 \longrightarrow 7FeSO_4 + SO_2 - 489.3kJ \qquad (2-5)$$

（4）在常温潮湿条件下，黄铁矿（FeS_2）和硫化钙（CaS）矿物可以发生如式(2-6) 和式(2-7) 的反应：

$$FeS_2 + 2H_2O \longrightarrow Fe(OH)_2 + H_2S + S \qquad (2-6)$$
$$CaS + H_2O + CO_2 \longrightarrow CaCO_3 + H_2S \qquad (2-7)$$

在含硫矿岩中进行爆破工作，或硫化物矿尘爆炸、坑木腐烂以及硫化矿物水解都会产生 SO_2 和 H_2S 气体。

2.2.1.4 井下火灾

当井下失火引起坑木燃烧时，由于井下可供燃烧的氧气有限，为不完全燃烧，会产生大量 CO，如一架棚子（直径为 180mm，长 2.1m 的立柱两根和一根长 2.4m 的横梁，体积为 0.17m^3）燃烧所产生的 CO 约为 97m^3，它足以使 2km 长、断面为 4~5m^2 的巷道空气中 CO 含量达到使人致命的浓度。在煤矿中瓦斯和煤尘爆炸，也会产生大量的一氧化碳，往往成为重大事故的主要原因。

金属非金属矿山井下常见的对安全生产威胁最大的有毒气体有：CO、NO_x、SO_2、H_2S 等。

2.2.2　一氧化碳

一氧化碳（CO）是无色、无味、无臭的气体，标准状态下的密度为 1.25kg/m^3，是空气密度的 0.97 倍，能够均匀地散布于空气中，不用特殊仪器不易觉察。一氧化碳微溶于水，爆炸界限为 13%~75%。

CO 极毒，空气中含 0.4%CO 时，人在很短时间内就会死亡。日常生活中的煤气中毒就是 CO 中毒。CO 中毒是因为：人体血液中的血红蛋白专门在肺部吸收空气中的氧气以维持人体的需要，而血红蛋白与 CO 的亲和力超过它与氧亲和力的 250~300 倍，血红蛋白与 CO 亲和形成 CO 血红素，妨碍体内的供氧能力，使人体各部分组织和细胞产生缺氧现象，引起一系列血液中毒现象，严重时造成窒息死亡。随 CO 浓度的增加，开始是头昏、剧烈性头痛、恶心，而后是丧失知觉、呼吸停顿而死亡。CO 的中毒程度和中毒快慢与下列因素有关：

（1）空气中 CO 的浓度。人处于静止状态时，CO 浓度与人中毒程度关系见表 2-4。

表 2-4　CO 浓度与人体中毒程度的关系

中毒程度	中毒时间	CO 浓度/mg·L^{-1}	中 毒 特 征
无征兆或有轻微征兆	数小时	0.2	不明显
轻微中毒	1h 以内	0.6	耳鸣、心跳、头晕、头痛
严重中毒	0.5~1h	1.6	头痛、耳鸣、心跳、四肢无力、哭闹、呕吐
致命中毒	短时间	5.0	丧失知觉、呼吸停顿

（2）与含有 CO 的空气接触的时间。接触时间愈长，血液内的 CO 量就愈大，中毒就愈深。

（3）呼吸频率与呼吸深度。人在繁重工作或精神紧张时，呼吸急促，频率高，呼吸深度也大，中毒就快。

（4）人的体质和体格。经常处于 CO 略微超过允许浓度的条件下工作时，虽然短时间不会发生急性病兆，但由于血液和组织长期轻度缺氧，以及对神经中枢的伤害，会引起头疼、胃口不好、记忆力衰退及失眠等慢性中毒病症。

表 2-5 列出了接触时间与 CO 浓度的乘积和症状的关系。

表 2-5 接触时间与 CO 浓度的乘积和症状的关系

接触时间（h）与 CO 浓度（10^{-6}）乘积	中毒症状
300	不发生症状
600	开始有轻微症状
900	头痛、恶心
1500	生命垂危

我国《地下矿通风规范》规定，矿井通风和矿山正常空气中的 CO 含量不得超过 $30mg/m^3$（24×10^{-6}）；爆破后，在通风机连续运转的条件下，CO 浓度降到 0.02% 以下，才允许人员进入工作地点，但仍须继续通风，使 CO 达到正常安全含量。

2.2.3 氮氧化物

氮氧化物（NO_x）主要来源于矿井炸药爆破和柴油机工作时的废气。NO_x 中的 NO 极不稳定，与空气中的氧结合生成 NO_2。

关于 NO 对人体的影响，虽还没有被完全了解，但如使动物接触浓度非常高的 NO 时，就可以看到因中枢神经系统障碍而引发的麻痹和痉挛。

NO_2 是一种红褐色、有强烈窒息性的气体，相对分子质量为 46，标准状态下的密度为 $2.05kg/m^3$，是空气密度的 1.59 倍。NO_2 易溶于水，而生成腐蚀性很强的硝酸。所以高浓度的 NO_2 遇人体黏液膜，如眼、鼻、喉等会引起强烈刺激，导致头晕、头痛、恶心等症状，对人体危害最大的是破坏肺部组织，引起肺水肿，此时显示嘴唇变紫，发生紫癜。吸入大量 NO_2，经过 5~10h 甚至一天左右才会发生重症状，咳嗽吐黄痰、呼吸困难，以致意识不清，造成死亡，中毒导致死亡的浓度为 0.025%。

表 2-6 表示不同浓度 NO_2 及其中毒征兆。

表 2-6 不同浓度 NO_2 及其中毒征兆

NO_2 浓度/$\times 10^{-6}$	对人体的危害
1	仅感到有臭气刺激味
3.5	接触 2h，嘴部细菌感染性增强
5	感到有强烈刺激臭味（类似臭氧）
10~15	刺激眼、鼻、上呼吸道
25	短时间接触的安全限度
50	在 1min 内引起鼻刺激及呼吸不全
80	接触 3~5min，引起胸痛
100~150	接触 30~60min，引起肺水肿，有死亡危险
200 以上	瞬时接触，导致生命危险症状，死亡

我国对煤矿和金属矿都规定，NO_x 换算为 NO_2 不得超过 $5mg/m^3$（2.5×10^{-6}）。

2.2.4 二氧化硫

二氧化硫（SO_2）是一种无色、有强烈硫黄味的气体，易溶于水，相对分子质量为

64，标准状况下的密度为 2.86kg/m^3，是空气密度的 2.2 倍。当空气中 SO$_2$ 浓度为 0.0005% 时，嗅觉器官就能闻到硫黄味。它对眼和呼吸器官有强烈的刺激作用。在高浓度下能引起剧烈的咳嗽，使喉咙和支气管发炎、反射性支气管狭窄，严重的时候会造成肺水肿、肺心病。

表 2-7 列出了不同浓度 SO$_2$ 及其对人体的危害。

表 2-7　不同浓度 SO$_2$ 对人体的危害

SO$_2$ 浓度/×10^{-6}	对人体的危害
0.5~1	感到臭味
2~3	变为刺激味，感到不舒服
5~10	刺激鼻、喉、咳嗽
20	眼受刺激呼吸困难
30~40	呼吸困难
50~100	短时间（0.5~1h）的忍耐界限
400~500	短时间接触，生命危险

我国规定矿井空气中 SO$_2$ 含量不得超过 15mg/m^3（5×10^{-6}）。

2.2.5　硫化氢

硫化氢（H$_2$S）是一种无色、有臭鸡蛋味的气体，相对分子质量为 34，标准状态下的密度为 1.52kg/m^3，是空气密度的 1.17 倍。H$_2$S 易溶于水，有燃烧爆炸性，爆炸浓度下限是 6%。H$_2$S 能使血液中毒，刺激眼、鼻、喉和呼吸道的黏膜。H$_2$S 浓度达 0.01% 时就能嗅到并使人流鼻涕。吸入高浓度 H$_2$S 时，引起头痛、头晕、步行紊乱、呼吸障碍，严重时引起意识不清、痉挛、呼吸麻痹而造成死亡。

表 2-8 列出了不同浓度 H$_2$S 对人体的危害。

表 2-8　不同浓度 H$_2$S 对人体的危害

H$_2$S 浓度/×10^{-6}	作用或毒性
0.025	能嗅到刺激味，因人而异
0.3	有明显的臭味
3.5	中等强度不舒适感
10	刺激眼黏膜
20~40	肺黏膜刺激下限，短时间尚能忍耐
100	2~15min 嗅觉迟钝，接触 1h 刺激眼与呼吸道，8~48h 连续接触往往造成死亡
173~300	接触 1h，不会引起重大的健康损害
400~700	接触 30~60min，有生命危险
800~900	迅速丧失意识，呼吸停止、死亡
1000	立即死亡

我国规定矿井空气中 H$_2$S 的含量不得超过 10mg/m^3（6.6×10^{-6}）。

2.2.6 甲醛

甲醛（HCHO）又称蚁醛，是一种无色而具有刺激性气味的气体，易溶于水。甲醛能刺激皮肤使其硬化，并促使纹理裂开变成溃疡。甲醛蒸气刺激眼睛，使人流泪。吸入呼吸道则刺激黏膜、咳嗽不止。在生产环境中，我国规定空气中甲醛浓度不得超过 $5mg/m^3$。矿井通风中有柴油机工作时，美国、德国、日本等国家都规定，在空气中甲醛的允许浓度不得超过 $5×10^{-6}$。

2.3 矿井放射性元素产生的有害物质

开采铀、钍矿床及铀、钍伴生的金属矿床时，必须注意空气中的放射性气体氡。事实上除钍品位甚高的矿山和处理工厂中可能出现浓度超过国家规定的最大允许浓度外，矿内空气一般不会对人体造成伤害性影响。因此矿内空气中对工人造成危害的放射性气体主要是氡及其子体。

2.3.1 氡的性质

氡气（Rn）是一种无色、无味、透明的放射性气体，半衰期为 3.825d。是空气密度的 7.525 倍，能溶于水，更易溶于油脂，它在油脂中的溶解度是在水中溶解度的 125 倍，无腐蚀性，不能燃烧，也不能助燃，是一种惰性气体，能被固体物质吸附，吸附力最强的是活性炭。

一般说来，矿井空气中主要的辐射危害来自氡（^{222}Rn）的短寿命衰变产物（氡子体）。另外，从矿岩中发射出的氡（^{220}Rn）也是一个辐射源。氡是钍的一个衰变产物。氡及其短寿命子体的物理性质以及它们在矿体中的行为几乎与氡及其衰变产物完全相似。

在铀镭衰变系中，铀衰变到镭，镭又衰变成氡，氡又继续按下述规律衰变：

$$氡 \xrightarrow{3.825天} 镭_A \xrightarrow{3.05分} 镭_B \xrightarrow{26.8分} 镭_C \xrightarrow{19.7分} 镭_{C'} \xrightarrow{1.6×10^{-4}秒} 镭_D \xrightarrow{22年} 铅$$

由镭$_A$到镭$_D$半衰期都很短，故称为短寿命子体，这些氡子体具有金属特性，具有荷电性，吸附性很强，易与矿尘结合、黏着，形成放射性气溶胶。

2.3.2 氡及其子体的危害

氡子体是微细固体颗粒，粒径为 $0.001~0.05\mu m$，它漂浮于矿区内空气中，具有很强的附着能力，能牢固地附着在物体表面上。

放射性物质在衰变过程中，会放出一定量的 α，β，γ 射线。由于这三种射线的特性不同，对人类的伤害表现也不同。α 射线穿透力很小，但电离本领很强，当它从口腔、鼻腔进入体内进行照射时，这种照射称为内照射，其对人组织的危害就较大，这种危害多表现为呼吸系统的疾病。β，γ 射线的穿透力较强，它能穿透人的机体，在体外就能对人体进行照射，这种照射称为外照射。外照射所引起的损伤多表现为神经系统和血压系统的疾病。当 γ 射线剂量很高时，还会造成死亡，但一般含铀金属矿山的含铀品位低于 0.1%。γ 射线剂量不会对人体造成明显的危害。因此，对含铀金属矿山来说，外照射不是主要危害，主要放射性危害是内照射。

氡子体对肺部组织的危害，是由于沉积在支气管上的氡子体在很短的时间内把它的 α 粒子潜在能量全部释放出来，其射程正好可以轰击到支气管上皮基底细胞核上，这正是含铀矿山工人产生肺癌的原因之一。氡和氡子体对人体的危害程度不同，据统计氡子体对人体危害所贡献的剂量，比氡对人体所贡献的剂量大 19.8 倍。因此，氡子体的危害是主要的。但氡是氡子体的母体，而没有氡就没有氡子体，从某种意义上说，防氡更有意义。

2.3.3　矿井辐射防护剂量限值

在地下矿山，井下人员除受到氡及其短寿命子体以及铀矿尘的照射之外，在铀矿山还受到 γ 和 β 辐射的外照射。一般说来，氡子体是矿山的主要辐射危害因素。某些矿山，一些矿工患肺癌的原因与他们受到高浓度的氡及氡子体的照射有关。早在 16 世纪就已记录到的矿工肺癌高发生率，被后来证实其病因多半就是吸入了氡及氡子体。

对氡子体诱发矿工肺癌作用的认识导致照射限制的建立。我国《放射卫生防护基本标准》的规定如下：

（1）放射性工作人员有效剂量当量限值（H_L）为 50mSv/a。

（2）对空气中短寿命氡子体任何混合物潜能的年摄入量限值（ALI_P）为 0.02J。

假定平均呼吸率 $v = 1.2 m^3/h$，每年工作 2000h，由此得出的导出空气浓度为 $8.3 \mu J/m^3$。如用平衡当量氡浓度表示为 $1500 Bq/m^3$。

（3）对接受内外混合照射的工作人员，混合照射限值按式(2-8)计算：

$$\frac{H_E}{H_L} + \frac{I_{Rn}}{ALI_P} \leq 1 \tag{2-8}$$

式中　H_E——外照射的有效剂量当量，mSv/a；

　　　I_{Rn}——氡子体的摄入量，J/a；

　　　ALI_P——氡子体摄入量限值，J/a；

　　　H_L——有效剂量当量限值，mSv/a。

（4）仅暴露于氡本身而不伴有氡子体混合物，或吸入氡子体量极微，可以忽略不计情况下（例如使用高效滤材做的口罩），上述年摄入量限值和导出空气浓度可增大 100 倍。

为了防止氡及其子体的危害，我国《地下矿通风规范》做了如下规定：

（1）氡的浓度：矿山井下工作场所的空气中氡的最大允许浓度为 $3.7 kBq/m^3$。

（2）氡子体的潜能值：矿山井下工作场所氡子体的潜能值不超过 $6.4 \mu J/m^3$。

2.3.4　矿井中氡的来源

矿井空气中的氡主要来源于以下几方面。

2.3.4.1　矿岩壁析出的氡

这是矿井氡的主要来源。氡从矿岩中析出主要含以下两种动力：

（1）在矿体裂隙中的含氡空气，由于裂隙空间与井下的空气存在压差，当裂隙内部压力大于井下空间压力时，则含氡空气缓慢从中流出，虽然流速很低（数厘米/昼夜），但由于裸露面积大，裂隙多，其析出量是很大的；当井下空间大气压力大于裂隙中大气压力时，析出量显著降低。

（2）在矿岩壁的内部氡浓度分布有一个梯度，造成了氡的扩散，并使氡由矿体表面析出而逸入井下空气，这是造成井下氡析出的主要动力。

析出到矿井空气中的氡量与矿岩裸露面积和氡析出率成正比，可按式（2-9）计算：

$$E_1 = \delta S \tag{2-9}$$

式中 E_1——氡的析出量，Bq/s；

δ——氡的析出率，Bq/$(s \cdot m^2)$；

S——矿岩的裸露面积，m^2。

影响氡析出的因素如下：

（1）矿岩的含铀、镭品位的高低，是决定氡析出的主要因素，对一种矿岩来说，氡析出率与含铀、镭品位成正比。

（2）岩石裂隙及孔隙的影响。氡在岩石中的传播，实际上是在岩石的孔隙中进行的，孔隙度和裂隙越大，氡析出率越大。

（3）矿壁表面覆有水膜时，对氡气析出的影响。氡气在水中的扩散系数很小，因而在矿壁表面覆有水膜时，氡气析出率会显著降低。

（4）通风方式对氡析出的影响。由于机械通风压力差的存在，势必引起岩石裂隙内空气的流动。当井下空气压力相对当地大气压力呈负压状态时，氡析出率比呈正压状态时大。

（5）大气压力变化对氡气析出的影响。当地表气压降低时，将加速氡气从岩石内部通过裂缝和孔隙向矿井空气析出。根据观察，由于气压改变，空气中含氡量几乎与空气压力成正比。

2.3.4.2 爆下矿石析出的氡

爆破后，爆下矿石与空气接触面积加大，此时矿石内的氡大量向空间析出，一般情况下，析出的氡数量不大，但使用留矿法和崩落法时，采场内氡析出量主要来源于爆下矿石。

爆下矿石析出量决定于爆下矿石的数量、品位、块度、密度等。可按式（2-10）计算：

$$E_2 = 2.64 pu\eta \tag{2-10}$$

式中 E_2——爆下矿石氡析出量，Bq/s；

p——爆下矿石量，t；

u——矿石的含铀品位，%；

η——射气系数，%。

2.3.4.3 地下水析出的氡

由于裂隙中氡浓度较高，使得大量的氡溶解于地下水中，当地下水进入矿井后，由于空气中氡的分压较低，促使氡从水中析出，氡的析出量可按式（2-11）计算：

$$E_3 = 1.03 \times 10^{10} B(c_1 - c_2) \tag{2-11}$$

式中　B——地下水的涌水量，m^3/h；

　　　c_1——涌水中氡的浓度，Bq/L；

　　　c_2——排水中氡的浓度，Bq/L。

2.3.4.4　地面空气中的氡随入风风流进入井下

这决定于所处地区的自然本底浓度。一般来说，它在数量上是极微小的，可忽略不计。

以上是矿井空气中氡的来源，在一些老矿山，由于开采面积较大，崩落区多，采空区中积累的氡有时也会成为氡的主要来源。

2.4　矿尘的产生及危害

2.4.1　矿尘

在地下开采过程中，凿岩、爆破、装运、破碎等工序均产生大量含游离 SiO_2 的粉尘。石英游离 SiO_2 含量在 99% 以上，并在自然界中分布很广，是酸性火成岩、砂岩、变质岩的组成部分。这些岩尘中的游离 SiO_2 是引起矽肺病的主要原因。

矽肺病是因为长期大量吸入含游离 SiO_2 粉尘而引起的。矿尘被吸入肺泡后，一部分随呼气排出，一部分被吞噬细胞所包围并能返回呼吸道而排出人体，还有一部分沉积于肺泡内。由于矿尘在肺泡内形成矽酸胶毒，能杀死吞噬细胞而残留于肺组织内，形成纤维性病变和矿尘结节，逐步发展，使肺组织失去弹性而硬化，从而使一部分肺组织失去呼吸作用，致使全肺呼吸功能减退，出现咳嗽、气短、胸痛、无力，严重丧失劳动能力，往往并发矽肺结核而死亡。矽肺病的发病时间因劳动环境、防护状况、个人体质和生活条件而不同，一般从 3~5 年到 20~30 年不等。

2.4.2　矿尘的产生及分类

粒径大于 $10\mu m$ 的粉尘称为可见尘粒，$0.25~10\mu m$ 的称为显微粒径，小于 $0.25\mu m$ 的用超倍显微镜才能观察到，则称为超显微尘粒。各种尘粒在粉尘整体中各自所占的百分比称粉尘分散度。

矿尘是指在矿山生产和建设过程中所产生的各种矿、岩微粒的总称。矿尘除按其成分可分为岩尘、煤尘、烟尘、水泥尘等多种有机、无机粉尘外，尚有多种不同的分类方法，下面介绍几种常用的分类方法。

2.4.2.1　按矿尘粒径划分

（1）粗尘：粒径大于 $40\mu m$，相当于一般筛分的最小颗粒，在空气中极易沉降。

（2）细尘：粒径为 $10~40\mu m$，肉眼可见，在静止空气中可加速沉降。

（3）微尘：粒径为 $0.25~10\mu m$，用光学显微镜可以观察到，在静止空气中做等速沉降。

（4）超微尘：粒径小于 $0.25\mu m$，要用电子显微镜才能观察到，在空气中做扩散运动。

2.4.2.2 按矿尘的存在状态划分

(1) 浮游矿尘：悬浮于矿井空气中的矿尘，简称浮尘。

(2) 沉积矿尘：从矿井空气中沉降下来的矿尘，简称落尘。

浮尘和落尘在不同环境下可以相互转化。浮尘在空气中飞扬的时间不仅与尘粒的大小、质量、形式等有关，还与空气的湿度、风速等大气参数有关。

2.4.2.3 按矿尘的粒径组成范围划分

(1) 全尘（总粉尘）：各种粒径的矿尘之和。

(2) 呼吸性粉尘：主要指粒径在 5μm 以下的微细尘粒，它能通过人体上呼吸道进入肺区，是导致尘肺病的病因，对人体危害甚大。

2.4.3 矿尘的危害

含游离 SiO_2 的粉尘的主要危害是能引起矽肺职业病。矿尘的危害性很大，表现在以下几个方面。

(1) 污染工作场所，危害人体健康，引起职业病。工人长期吸入矿尘后，轻者会患呼吸道炎症、皮肤病，重者会患尘肺病，而尘肺病引发的矿工致残和死亡人数在国内外都十分惊人。硫化矿尘落到人的皮肤上，有刺激作用，而引起皮肤发炎，它进入五官亦会引起炎症。有毒矿尘（铅、砷、汞）进入人体还会引起中毒。矿尘的最大危害是当人体长期吸入含有游离二氧化硅的矿尘时，会引起矽肺病，矿尘中游离二氧化硅含量越高，对人体危害越大。

(2) 某些矿尘（如煤尘、硫化矿尘）在一定条件下可以爆炸。某些粉尘因其氧化面积增加，在空气中达到一定浓度时有爆炸性。煤尘能够在完全没有瓦斯存在的情况下爆炸。对于瓦斯矿井，煤尘则有可能同时参与瓦斯爆炸。煤尘或瓦斯煤尘爆炸，都将给矿山以突然性的袭击，酿成严重灾难。硫化矿尘爆炸的例子很少，产生爆炸大都在矿山有硫化矿石自燃的情况下。

(3) 加速机械磨损，缩短精密仪器使用寿命。随着矿山机械化、电气化、自动化程度的提高，高浓度粉尘能加速机械的磨损，对设备性能及其使用寿命的影响越来越突出，应引起高度的重视。

(4) 降低工作场所能见度，增加工伤事故的发生。在金属非金属矿井工作面打干钻和没有通风的情况下，粉尘浓度会高出允许浓度数百倍，并造成能见度下降。在煤矿某些综采工作面干割煤时，工作面煤尘质量浓度更是高达 $4000\sim8000mg/m^3$，有的甚至更高，这种情况下，工作面能见度极低，往往会导致误操作，造成人员的意外伤亡。在无轨运输频繁的巷道，当巷道内干燥时，行车扬尘同样降低巷道内的能见度，不仅影响行车效率，而且极易导致行车事故。

生产性粉尘的允许浓度，目前各国多以质量法表示，即规定每立方米空气中不超过若干毫克。我国规定，含游离 SiO_2 10% 以上的粉尘，每立方米空气不得超过 2 毫克。一般粉尘不得超过 $10mg/m^3$。

2.5　矿井气候

矿井气候即矿井空气的温度、湿度和流速三个参数的综合作用。这三个参数也称为矿井气候条件的三要素。

2.5.1　矿井气候对人体的影响及其评价指标

新陈代谢是人类生命活动的基本过程之一。人体散热主要是通过皮肤表面与外界的对流、辐射和汗液蒸发这三种基本形式进行的。对流散热取决于周围空气的温度和流速；辐射散热主要取决于环境温度；蒸发散热取决于周围空气的相对湿度和流速。

温度低时，对流与辐射散热太强，人易感冒。温度适中，人就感到舒适。如超过25℃时，对流与辐射大为减弱，汗蒸发散热加强。气温达37℃时，对流与辐射散热停止，唯一散热方式是汗液蒸发。温度超过37℃时，人将从空气中吸热，而感到烦闷，有时会引起中暑。因此矿井内气温不宜过高或过低。矿井通风作业面的温度以不超过28℃为宜。散热条件的好坏与空气的温度、湿度和风速有关。气候条件是温度、湿度和风速三者的综合作用，单独用某一因素评价气候条件的好坏是不够的。

评价气候条件舒适程度的综合指标有多种，这里介绍两种。

2.5.1.1　卡它度

卡它度是用模拟的方法度量环境对人体散热率影响的综合指标。测量卡它度的仪器称为卡它温度计。卡它温度计全长200mm，下端为长圆形贮液球，长约40mm，直径16mm，表面积22.6cm²，内装酒精；上端为一长圆形空间，用于容纳加热时上升的酒精，如图2-1所示。在卡它温度计的长杆上刻有38℃及35℃两个刻度。

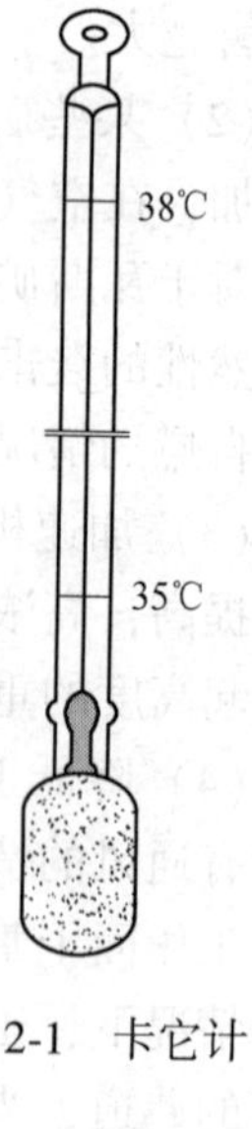

每个卡它温度计有不同的卡它常数 F，它表示贮液球在温度由38℃降到35℃时每平方厘米表面上的散热量。测定前，将卡它温度计放入60~80℃热水中，使酒精上升到上部空间1/3处，取出擦干后即可进行测定。测定时，将卡它温度计悬挂在测定空间，酒精液面开始下降，记录由38℃降到35℃所需的时间 t，按式(2-12) 计算出卡它度 H。

$$H = F/t \qquad (2-12)$$

图2-1　卡它计

卡它度表示贮液球单位表面积、单位时间的散热量。因散热方式不同，卡它度有干、湿两种。干卡它度仅表示以对流和辐射方式的散热效果。湿卡它度则表示对流、辐射和蒸发三者的综合散热效果。测定湿卡它度时，需在卡它计的贮液球上包裹一层浸湿的纱布，测定方法与干卡它度相同。散热条件越好，卡它度的值越高。不同劳动强度所要求的卡它度，可参考表2-9。

表 2-9 卡它度与劳动繁重程度的关系

劳动状况	轻微劳动（大于）/℃	一般劳动（大于）/℃	繁重劳动（大于）/℃
干卡它度	252	336	420
湿卡它度	756	1050	1260

2.5.1.2 热应力指数

热应力指数是以热交换值和人体热平衡为计算基础，加入劳动强度因素的一个综合性舒适条件指标，热应力指数以 HSI 表示，它的表达式为：

$$HSI = E_P/E_d \times 100\% \qquad (2-13)$$

式中 E_d——人体的排汗量不超过每小时 1L，人体皮肤温度为 35℃时，由于汗蒸发形成的最大散热率；

E_P——维持人体热平衡所必需的散热率。

HSI 曲线图可表示不同劳动强度所允许的气象条件，如图 2-2 所示。

例如，在湿球温度为 30℃、风速为 1.25m/s 条件下，可进行中等强度的劳动；在干球温度为 36℃、相对湿度为 45%、风速为 0.5m/s 条件下，亦可进行中等强度的劳动；当湿球温度超过 32℃，此时，HSI 已超过 100，仅能从事轻体力劳动。这个指标（HSI）在欧美各国较为常用。

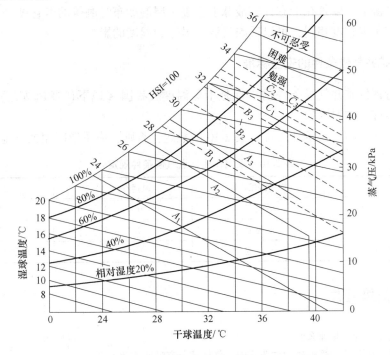

图 2-2 HSI 曲线图

A_1—风速 0.5m/s，重劳动；A_2—风速 1.25m/s，重劳动；A_3—风速 2.5m/s，重劳动；

B_1—风速 0.5m/s，中劳动；B_2—风速 1.25m/s，中劳动；B_3—风速 2.5m/s，中劳动；

C_1—风速 0.5m/s，轻劳动；C_2—风速 1.25m/s，轻劳动；C_3—风速 2.5m/s，轻劳动

空气温度、湿度和风速是矿井气候条件的三要素，它们是影响人体热平衡的主要因素。空气温度对人体对流散热起着主要作用；空气相对湿度影响人体蒸发散热的效果；风速影响人体的对流散热和蒸发散热的效果。对流换热强度随风速增大而增大，同时湿交换效果也随风速增大而加强。

2.5.2　衡量矿井气候条件的指标

衡量矿井气候条件的指标有多种，常用有以下指标：

（1）干球温度。干球温度是我国现行的评价矿井气候条件的指标之一。其特点是在一定程度上直接反映出矿井气候条件的好坏。指标比较简单，使用方便，但这个指标只反映了气温对矿井气候条件的影响，而没有反映出气候条件对人体热平衡的综合作用。

（2）湿球温度。湿球温度指标可以反映空气温度和相对湿度对人体热平衡的影响，比干球温度要合理些。但这个指标仍没有反映风速对人体热平衡的影响。

（3）等效温度。等效温度定义为湿空气的焓与比热的比值。它是一个以能量为基础来评价矿井气候条件的指标。

（4）同感温度。同感温度也称有效温度，是 1923 年由美国采暖工程师协会提出的。这个指标是通过实验，凭受试者对环境的感觉而得出的同感温度计算图。

（5）卡它度。卡它度是 1916 年由英国 L·希尔等提出的。卡它度分为干卡它度和湿卡它度，用卡它计测定。干卡它度反映了气温和风速对气候条件的影响，但没有反映空气湿度的影响。湿卡它度是在卡它计贮液球上包裹一层湿纱布时测得的卡它度，其实测和计算方法完全与干卡它度相同，可以反映气温、风速和湿度的影响。

2.5.3　我国矿井气候条件的安全标准

我国现行评价矿井气候条件的指标是干球温度。我国《地下矿通风规范》规定，矿井空气最高容许干球温度为 28℃。

采掘作业地点的气候条件应符合表 2-10 的规定，否则，应采取降温或其他防护措施。

表 2-10　采掘作业地点气候条件规定

干球温度/℃	相对湿度/%	风速/m·s⁻¹	备　注
≤28	不规定	0.5~1.0	上限
≤26	不规定	0.3~0.5	舒适
≤18	不规定	≤0.3	增加工作服保暖

 复习思考题

2-1　矿内空气的主要成分是什么？

2-2　新鲜空气进入矿井后，受到矿内作业影响，气体成分有哪些变化？

2-3　人进入废旧巷道时，应注意什么？

2-4　矿内空气中常见的有毒气体有哪些？它们会对人体造成什么危害？

2-5　供人员呼吸及其他需要所消耗的氧气量可折算成每人 30L/min，求每人所需新鲜空气量为多少？

2-6　若矿井中作业地点产生的 CO_2 量为 $5.52m^3/min$，求稀释 CO_2 到允许浓度所需的风量。

2-7 氡及其子体对人体有哪些危害?

2-8 氡及其子体的单位如何表示?

2-9 说明井下氡的来源。

2-10 什么叫矿尘?空气含尘量如何表示?卫生标准是什么?

2-11 什么是矿井气候条件?

2-12 为什么要创造良好的矿井气候条件?常用矿井气候条件舒适度的指标是什么?

2-13 解释卡它度的含义。它反映了哪些因素对气候的影响?

2-14 用湿卡它计测定某矿井气候条件,当湿卡它计由38℃冷却到35℃时,所需的时间 $t=23s$,湿卡它计的常数 $F=508$。问此种大气条件可适合何种程度的劳动?

第3章 矿井风流的基本特性及其测定

+-

【教学要求】 掌握空气的密度、比体积、比热容、黏性、绝对湿度、相对湿度、含湿量、绝对压力、相对压力、风速、层流、紊流、风流点压力、风流动压、静压和全压等基本概念；了解空气压力单位的换算；了解风筒中风流全压、动压和静压三种压力的计算；掌握矿井空气压力的测定方法和水银气压计、空盒气压计、矿井风流点压力的测定方法；掌握皮托管与倾斜压差计的使用、补偿式微压计与皮托管配合测量风流的静压、动压和全压的方法；熟练掌握用风表和热电式风速仪测定巷道风速和风量的方法等。

【学习方法】 学习本章内容除了认真听教师讲解以外，还要尽可能多做练习题，在练习中发现问题，不断总结和提高对理论知识的理解；同时认真地做实验，熟悉有关仪器的使用和测定方法，通过实验加强对理论内容的理解。

+-

3.1 矿井空气的物理性质

正确理解和掌握空气的主要物理性质是学习矿井通风的基础。与矿井通风密切相关的空气物理性质有：密度、重率、比容、比热和黏性等。

3.1.1 密度

空气和其他物质一样具有质量。单位体积空气所具有的质量称为空气的密度，用符号 ρ 表示。空气可以看做是均质流体，单位是 kg/m^3，故：

$$\rho = m / V \tag{3-1}$$

式中　m——空气的质量，kg；

　　　V——空气的体积，m^3。

一般地说，当空气的温度和压力改变时，其体积会发生变化，即空气的密度是随温度、压力而变化的，因此可以得出空气的密度是空间点坐标和时间的函数。如在大气压力 p_0 为 101325Pa、气温为 0℃（273.15K）时，干空气的密度 ρ_0 为 1.293kg/m^3。

湿空气的密度是 $1m^3$ 空气中所含干空气质量和水蒸气质量之和：

$$\rho = m_d + m_v \tag{3-2}$$

式中　m_d——$1m^3$ 空气中干空气的质量，kg；

　　　m_v——$1m^3$ 空气中水蒸气的质量，kg。

由气体状态方程和道尔顿分压定律可以得出湿空气的密度计算公式：

$$\rho = 0.003484 \frac{p}{273 + t} \left(1 - \frac{0.378\varphi p_s}{p} \right) \tag{3-3}$$

式中　p——空气的压力，Pa；

t ——空气的温度，℃；

p_s ——温度 t 时饱和水蒸气的分压，Pa；

φ ——相对湿度（用小数表示）。

3.1.2 体积密度

单位体积空气所具有的质量称为空气的重率又称容重，用符号 γ 表示，单位是 kg/(m²·s²)。用式(3-4) 计算：

$$\gamma = G/V \tag{3-4}$$

3.1.3 比体积

空气的比体积是指单位质量空气所占有的体积，用符号 ν（m³/kg）表示，比体积和密度互为倒数，它们是一个状态参数的两种表达方式。则：

$$\nu = V/m \tag{3-5}$$

在矿井通风中，空气流经复杂的通风网路时，其温度和压力将会发生一系列的变化，这些变化都将引起空气密度的变化。在不同的矿井其变化规律是不同的。在实际应用中，应考虑什么情况下可以忽略密度的这种变化，而在什么条件下是不可忽略的。

3.1.4 比热容

使单位质量空气的温度升高 1K 所需要的热量称为空气的比热容，用符号 c 表示，它的计量单位是 kJ/(kg·K)。

空气在不同热力变化过程中的比热容是不相同的。等容过程时，单位质量空气温度升高 1℃所需要的热量称为比定容热容 c_V；等压过程时，空气的比热称为比定压热容 c_p。比定容热容和比定压热容均随温度变化，其变化规律见表 3-1。

表 3-1 不同温度时空气比热容

温度/℃		−10	0	+15	+30	+80
比热容/kJ·(kg·K)⁻¹	c_V	0.708	0.712	0.712	0.716	0.720
	c_p	0.996	1.001	1.001	1.001	1.009

由表 3-1 可以看出：对于一定的气体比定压热容和比定容热容的比值是个常数，即 $c_p/c_V = K$，空气的 $K = 1.41$。

3.1.5 黏性

当流体层间发生相对运动时，在流体内部两个流体层的接触面上，便产生黏性阻力（内摩擦力）以阻碍相对运动，流体具有的这一性质，称作流体的黏性。例如，空气在管道内作层流流动时，管壁附近的流速较小，向管道轴线方向靠近流速逐渐增大，如图 3-1 所示。

在垂直流动方向上，设有厚度为 dy(m)、速度为 v(m/s)、速度增量 dv(m/s) 的分层，在流动方向上的速度梯度为 dy/dv，由牛顿内摩擦定律得：

$$F = \mu S \frac{\mathrm{d}y}{\mathrm{d}v} \qquad (3\text{-}6)$$

式中　F——内摩擦力，N；

　　　S——流层之间的接触面积，m^2；

　　　μ——动力黏度（或称绝对黏度），Pa·s。

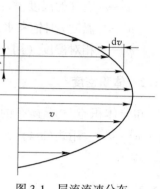

图 3-1　层流流速分布

由式(3-6) 可知，当流体处于静止状态或流层间无相对运动时，$\mathrm{d}y/\mathrm{d}v = 0$，则 $F = 0$ 在矿井通风中还常用运动黏度，用符号 $\nu\,(m^2/s)$ 和式(3-7) 表示：

$$\nu = \mu / \rho \qquad (3\text{-}7)$$

温度是影响流体黏性的主要因素之一，但对气体和液体的影响不同。气体的黏性随温度的升高而增大，液体的黏性随温度的升高而减小。

在实际应用中，压力对流体的黏性影响很小，可以忽略。根据式(3-7) 可知，对可压缩流体运动黏性 ν 和密度 ρ 有关，即 ν 和压力有关，因此在考虑流体的可压缩性时常采用动力黏度 μ 而不用运动黏度 ν。

在矿井条件下（温度为 20℃），湿空气的 $\nu = 15 \times 10^{-6} m^2/s$，$\mu = 18.3 \times 10^{-6} Pa·s$。

3.2　矿井空气的状态

3.2.1　温度

温度是描述物体冷热状态的物理量。测量温度的标尺简称温标。热力学绝对温标的单位为 K，用符号 T 表示。热力学温标规定纯水三态点温度（即气、液、固）三相平衡态时的温度为基本定点，定义为 273.15K，1K 为三相点温度的 1/273.15。

国际单位制还规定摄氏（Celsius）温标为实用温标，用 t 表示，单位为摄氏度℃。

摄氏温标与热力学温标之间的关系见式(3-8)：

$$T = 273.15 + t \qquad (3\text{-}8)$$

温度是矿井表征气候条件的主要参数之一。

矿井通风一般处于离地表不深的地带，所以矿井通风空气的温度受地面气温的影响较大。

地面空气温度决定于地球的纬度和气候情况，并在一年四季有所不同。我国从北半球亚热带到寒温带，地面气温变化的幅度很大。黄河以北的广大地区一般冬季气温较低，如果对进风不事先加以预热，地面的冷空气进入矿井，会使进风段的气温下降，以致出现结冻现象。在我国南方，夏季天气炎热，气温较高，当地面的热空气进入地下后，不仅使地下气温增高，而且往往造成进风段巷壁结"露"。这是因为地面的热空气进入地下后，其温度突然下降，达到露点，空气中的水蒸气凝结成水，造成岩壁淋水，增加了矿井空气的潮湿度，这不仅危害人的健康，而且还损坏物质和设备。所以，重要的矿井通风都应当进行空调、除湿，保持气温的稳定和环境的干燥。

矿井通风工程的深度越浅，受地面空气温度的影响越大。随着工程深度的增加，岩石与空气热交换充分，使这一影响逐渐减少。

矿井通风的空气温度除受地表温度影响外，还受如下多种因素的影响。

（1）空气受到压缩或膨胀的影响。当空气沿井巷向下流动时，随着深度的增加，平均每下降 100m，气温升高 1℃左右；当空气向上流动时，则因膨胀而吸热，平均每上升 100m，气温下降 0.8~0.9℃。

（2）地下岩石温度的影响。地表以下岩石温度的变化分为三带。

1）温度变化带。深 0~15m 以上，这一带的温度随地面温度的变化而变化。夏天岩石由空气吸热而增温；冬天岩石向空气放热而降低了岩石本身的温度，升高了空气的温度。

2）恒温带。深 20~30m，它不受地面空气温度的影响，常年稳定不变，其温度约等于或略高于当地的年平均气温。

3）温度随深度增加的"增温带"。在恒温带以下，由于岩石的性质和种类不同，岩层温度每升高 1℃ 相对应的下降深度（即称为"地温率"）的数值也不尽相同，10~15m/℃、30~35m/℃ 甚至 40~50m/℃ 者均有。

若矿井通风距地表的垂深为 $H(\text{m})$，该地岩层的地温率为 $g_r(\text{m}/℃)$，恒温带的深度为 $h(\text{m})$，恒温带的温度或该地的年平均温度为 $t_0(℃)$，则深度 H 处的岩石温度 $t(℃)$ 为：

$$t = t_0 + (H - h)/g_r \tag{3-9}$$

空气进入矿井后，温度的变化取决于空气与岩层的温差和岩石的热传导系数。岩石与空气的热交换有传导、对流和辐射三种方式，前两者占绝大部分。由于岩壁与空气的换热，岩壁附近的岩石原始温度场受到干扰，干扰的程度取决于岩石原始温度、通风的强度、通风时间、岩石热物理性质等。巷道岩壁附近的岩石原始温度场受通风影响的扰动范围，称为"巷道调温圈"。它的厚度一般可由几米到十几米，最厚可达 40m 以上。矿井通风中空气温度变化受许多因素的影响，诸如季节、气温、雨量、地下含水层、地下水位、工程渗水以及矿井通风的部位等。

3.2.2 湿度

3.2.2.1 绝对湿度

每立方米的湿空气中所含水蒸气的质量称为绝对湿度 $g_{js}(\text{kg}/\text{m}^3)$。

绝对湿度只能说明湿空气在某一温度条件下，实际所含水蒸气的质量，还不能直接说明空气的干、湿程度。因为空气的干、湿要视空气的温度而定，即温度低、水蒸气含量容易饱和，显得潮湿；温度高，饱和容量大，显得干燥。因此如采用绝对湿度，只有在相同温度下才能判断潮湿程度，在应用上很不方便。

3.2.2.2 相对湿度

湿空气的绝对湿度 g_{js} 与同温度下饱和空气的绝对湿度 g_{jb} 之比，或实际水蒸气分压力 p_{sh} 与同温度下饱和水蒸气分压力 p_s 之比，称为相对湿度 φ，即：

$$\varphi = g_{js}/g_{jb} \times 100\% = p_{sh}/p_s \times 100\% \tag{3-10}$$

式中　φ——空气相对湿度，%；

p_s——同温度下的饱和水蒸气分压力，Pa；

p_{sh}——湿空气中水蒸气的分压，Pa。

如上所述，相对湿度反映了空气中所含水蒸气的分量与同温度下饱和水蒸气量的接近程度。当湿空气在水蒸气压力不变的情况下，冷却至饱和时的温度，称为露点。当然不论任何温度都可以发生蒸发现象。不论空气温度如何，由 φ 值的大小，就可直接看出它的干、湿程度。

3.2.2.3　含湿量

随着风流在地下流动，或通过制冷装置，风流的湿度都会发生一些变化，那么选用怎样的数值来表达风流中水蒸气的含量最为方便呢？如果用绝对湿度，温度变化使风流体积随之变化，绝对湿度值也变化；如果用相对湿度，温度变化，饱和水蒸气含量也变化，则相对湿度也变化，都会给计算带来麻烦。然而无论湿空气的状态如何变化，其中干空气的质量总是不变的。为了计算方便起见，常采用 1kg 干空气作为计算标准，引出含湿量的概念。即：含湿量为 1kg 干空气中所含水蒸气的分量。含湿量（质量分数）可用式（3-11）计算：

$$d = 0.622\, p_{sh}/(p - p_{sh}) \tag{3-11}$$

式中　p——大气压力，Pa；

p_{sh}——湿空气中水蒸气的分压，Pa。

冬天地面空气温度低，相对湿度高，进入矿井后，温度不断升高，相对湿度不断下降，出现进风段干燥现象。夏天则相反，地面空气温度高，相对湿度低，进入矿井后，温度逐渐降低，相对湿度不断升高，可能出现过饱和状态。我国湿度分布是沿海地区相对湿度较高（平均 70%~80%），向内陆逐渐降低，西北地区最低（15%~25%）。

在总回风道和出风井中，相对湿度一般都接近 100%，即不管冬夏，回风流中的湿度总大于进风流中的湿度，而且回风流中所含水蒸气量也大于进风井中所含水蒸气量（夏天多雨期例外）。因此，随着矿井排除的污风，每昼夜可以从矿井内带走数吨甚至上百吨的地下水。

空气湿度测量所用的仪器有：毛发湿度计和干、湿球湿度计等，还有在毛发湿度计原理的基础上开发的数字式湿度计等新产品。

风扇湿度计由两支温度计组成，有一支温度计的液球上包以纱布。测定时，用水浸湿，上紧风扇的发条，风叶旋转 1~2min，随着纱布上的水蒸发，湿球温度下降，读出干湿球温度，再根据两者温度差，由仪器所附的表格直接查出相对湿度。

3.3　矿井空气的压力及其测定

3.3.1　空气静压

空气的静压是气体分子间的压力或气体分子对容器壁所施加的压力。空气的静压在各个方向上均相等。空间某一点空气静压的大小，与该点在大气中所处的位置和受扇风机所造成的压力有关。

大气压力是地面静止空气的静压力，它等于单位面积上空气柱的重力。地球为空气所包围，空气圈的厚度高达 1000km。靠近地球表面越远，空气密度越小，不同海拔标高处上部空气柱的重力是不一样的。因此，对不同地区来讲，由于它的海拔标高、地理位置和空气温度不同，其大气压力（空气静压）也不相同。各地大气压力主要随海拔标高而变化，其变化规律见表 3-2。

表 3-2　不同海拔高度的大气压

海拔高度/m	0	100	200	300	500	1000	1500	2000
大气压力/kPa	101.3	100.1	98.9	97.7	95.4	89.8	84.6	79.7

在矿井中，随着深度增加空气静压相应增加。通常垂直深度每增加 100m 就要增加 $1.2 \sim 1.3$kPa 的压力。

根据量度空气静压大小所选择的基准不同，有绝对静压和相对静压之分。

绝对静压是以真空状态绝对零压为比较基准的静压，即以零压力为起点表示的静压。绝对静压恒为正值，记为 p_0。

相对静压是以当地大气压力（绝对静压）p_0 为比较基准的静压，即绝对静压与大气压力 p_0 之差。如果容器或井巷中某点的绝对静压大于大气压力 p_0，则称正压，反之叫做负压。相对静压（H_s）随选择的基准 p_0 变化而变化。

3.3.2　风流点压力

测定风流点压力的常用仪器是压差计和皮托管。皮托管是一种测压管，它是承受和传递压力的工具。它由两个同心管（一般为圆形）组成，其结构如图 3-2 所示。尖端孔口 a 与标着（+）号的接头相通，侧壁小孔 b 与标着（-）号的接头相通。

测压时，将皮托管插入风筒，如图 3-3 所示。将皮托管尖端孔口 a 在 i 点正对风流。壁孔口 b 平行于风流方向，只感受 i 点的绝对静压 p_i，故称为静压孔；端孔 a 除了感受 p_i 作用外，还受该点的动压 h_{vi} 的作用，即感受 i 点的全压 p_{ti}，因此称之为全压孔。用胶皮管分别将皮托管的（+）、（-）接头连至压差计上，即可测定 i 点的点压力。如图 3-3 所示的连接，测定的是 i 点的动压；如果将皮托管（+）接头与压差计断开，这时测定的是 i 点的相对静压；如果将皮托管（-）接头与压差计断开，这时测定的是 i 点的相对全压。

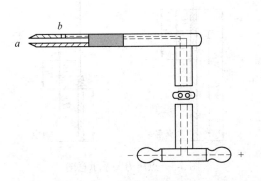

图 3-2　皮托管结构示意图

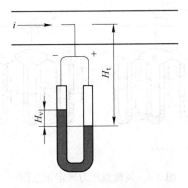

图 3-3　点压力测定

3.3.2.1　动压计算

流动空气具有一定的动能，因此风流中任一点除有静压外还有动压 H_v。动压因空气运动而产生，它恒为正值并具有方向性。当风流速度为 $v(\mathrm{m/s})$，单位体积空气的质量密度为 $\rho(\mathrm{kg/m^3})$，则某点风流的动压为式(3-12)：

$$H_v = \frac{1}{2}\rho v^2 \tag{3-12}$$

3.3.2.2　全压计算

风流的全压即该点静压和动压之和。

当静压用绝对压力 p_s 表示时，叠加后风流的压力为绝对全压 p_t。绝对全压等于绝对静压与动压 H_v 之和，即式(3-13)：

$$p_t = p_s + H_v \tag{3-13}$$

式 (3-13) 既适用于在管道中造成正压的压入式通风风流，也适用于在管道中造成负压的抽出式通风风流。

如果静压用相对压力 H_s 表示时，叠加后风流的压力就是相对全压 H_t。相对全压等于相对静压与动压 H_v 的代数和，即式(3-14)：

$$H_t = H_s + H_v \tag{3-14}$$

其中，抽出式通风风流中的 H_t 和 H_s 均为负值，压入式通风风流中的 H_t 为正值，H_s 有时为正有时为负。

式 (3-14) 能够被实验证明。如实验布置示意图 3-4 所示。每种风筒内某点的静压、动压、全压分别用 U 形管压差计 A、B、C 和 A'、B'、C' 测量。

测定结果证明，在压入式通风风筒中风流某点三种压力的关系为 $H_t = H_s + H_v$；在抽出式通风风筒中风流某点三种压力的关系为 $|H_t| = |H_s| - H_v$。式(3-14) 所反映的关系，还可以用图 3-5 示意。

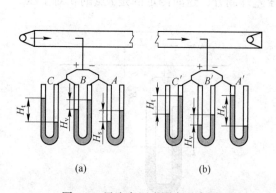

图 3-4　风流点压力测定示意图

(a) 压入式通风风筒；(b) 抽出式通风风筒

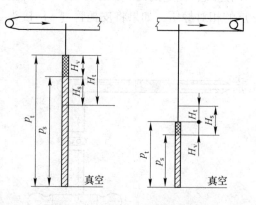

图 3-5　点压力关系示意图

3.3.2.3 空气压力的单位

空气压力的国际标准计量单位为 Pascal（帕斯卡），即 N/m^2，符号为 Pa（帕）。

矿井通风工程中各种压力常以工程单位 mmH_2O 表示，这与测压仪表中的 H_2O 高度相一致，十分简明形象。当压力值比较大，譬如评价大气压力时，常用较大的压力单位约定毫米汞柱（或称 mmHg）表示，$1mmHg = 13.6mmH_2O$。

因为 $1m^3$ 标准状态下水的质量是 $1000kg$，故水柱高度 h 等于 $1mm$ 时对底面积产生的压力为：

$$P = gh = 1mmH_2O = 1000 \times 9.8 \times 0.001 = 9.8 （Pa 或 N/m^2）$$

工程上还常用到标准大气压的概念。

$$1 个标准大气压 = 760 mmHg = 10336 mmH_2O = 101.3kPa$$

3.3.3 空气压力的测定

3.3.3.1 绝对静压的测定

通常使用水银气压计和无液气压计测定矿内外空气绝对静压。

A 水银气压计

如图 3-6 所示，水银气压计主要由一个水银盛槽与一根玻璃管构成。玻璃管上端封闭，下端插入水银盛槽中，管内上端形成绝对真空，下部充满水银。当盛器里的水银表面受到空气压力时，管内水银柱高度随着空气压力而变化。此管中水银面与盛器里水银面的高差就是所测空气的绝对静压。

水银气压计属固定式装置，一般置于通风机房或硐室壁上以测量大气压力或用以校对其他压力计。

B 无液气压计

它的传感器是抽成一定真空度的皱纹金属模盒，其测压原理是：由于盒内抽成真空（实际上还有少许余压），当大气压力作用于盒面上时，盒面被压缩，并带动传动杠杆使指针转动，根据指针转动的幅度即可获得大气压力数值。由机械传动机构带动读数指针的无液气压计称空盒气压计；由电信号使表盘显示数值的无液气压计称数值式精密气压计。空盒气压计如图 3-7 所示，它由一个皱纹状金属空盒与连接在盒上带指针的传动机构所构成。

无液气压计是一种携带式仪表，使用前必须经校正，一般用于巷道内外非固定地点概略地测量大气压力。用空盒气压计测量时，将盒面水平放置在被测地点，停留 10~20min 待指针稳定后再读数。读数时视线应该垂直于盒面。数值式精密气压计还可用于测量相对压力。

3.3.3.2 相对压力的测量

压差计是度量压力差或相对压力的仪器。在矿井通风中测定较大压差时，常用 U 形水柱计。测定较小或要求测定精度较高时，则用各种倾斜压差计或补偿式微压计。现在，一些先进的电子微压计正在通风系统测定中应用。

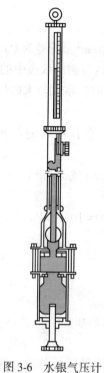

图 3-6　水银气压计

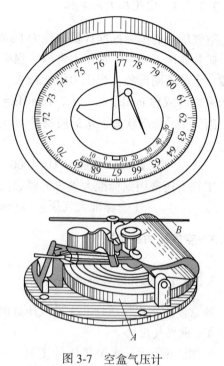

图 3-7　空盒气压计

A—真空金属盒；B—指针

通常用 U 形压差计、单管倾斜压差计或补偿式微压计与皮托管配合测量风流的静压、动压和全压。

U 形压差计，亦称 U 形水柱计，有垂直和倾斜两种类型，它们都是由一内径相同、装有蒸馏水或酒精的 U 形玻璃管和刻度尺所构成。

它的测压原理是：U 形管两侧液面承受相同压力时，液面处于同一水平。当两侧压力不同时，压力大的一侧液面下降，另一侧液面上升。对垂直 U 形水柱计来说，两水面的高差 L 就是两侧压力差 $H[H = L(mmH_2O)]$。

对倾斜 U 形压差计来说，两侧施加不同压力后水面错开的距离为 l，则两侧的压力差为：

$$H = l\sin\alpha \tag{3-15}$$

式中　α —— U 形管倾斜的角度，(°)。

垂直 U 形压差计精度低，多用于测量较大的压差。倾斜 U 形压差计精度要高一些。单管倾斜压差计的原理图如图 3-8 所示，它由一个较大断面的容器 A 与一个小断面的倾斜管 B 相互连通而构成。容器 A 与倾斜管 B 断面积的比例 F_1/F_2 一般为 250~300，其中充有适量的酒精。为便于读数，酒精中注入微量的染色剂使之染色。

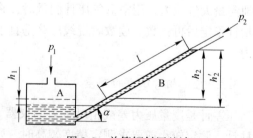

图 3-8　单管倾斜压差计

它的测压原理基本上同于 U 形压差计。当容器 A 与倾斜管 B 内接受不同方向压力时（容器 A 内引入较大的压力），容器 A 中液面略有下降，倾斜管 B 内液面相应上升，则两侧压力差 H 应按式（3-16）计算：

$$H = KL \tag{3-16}$$

式中   K——仪器校正系数（包括大断面内的液面下降和倾斜角度以及酒精密度等对读数的校正），通常用实验方法确定；

     L——倾斜管的始末读数差，mm。

单管倾斜压差计的主要部分有盛液容器 A、倾斜管 B、控制阀门、使容器内液面至零位的调节锤、带密闭盖的酒精注入口以及一个确定倾斜管角度或 K 值的弧形架。

使用单管倾斜压差计测压时，要先把倾斜玻璃管置于所需的倾角或 K 值处把较大的压力 p_1 用胶管接通容器 A，小压力 p_2 接通倾斜管 B 在非工作位置调整水平和对零。然后在工作位置上进行测定。

此类压差计比较结实又具有一定的精度，适于在井下测定压力差。常用的单管倾斜压差计有 Y-61 型、KSY 型和 M 型。

补偿式微压计。它由盛水容器 A 和容器 B 以胶管连通而成，如图 3-9 所示。容器 B 固定不动，容器 B 中装有水准头。容器 A 可以上下移动。这种仪器的测压原理是较大的压力 p_1 连到"+"接头与容器 B 相通，小压力 p_2 连到"-"接头与容器 A 相通，容器 B 中水面下降，水准头露出，同时容器 A 内液面上升。测定时，旋转螺杆以提高容器 A，则容器 B 中水面上升，直至容器 B 中水面回到水准头所在水平为止。即通过提高容器 A 的位置，用水柱高度来平衡（补偿）压力差造成的容器 B 中水面下降，使它恢复到原来的位置。此时容器 A 所上提的高度恰是压力差 $p_1 - p_2$ 造成的水柱高度 h。

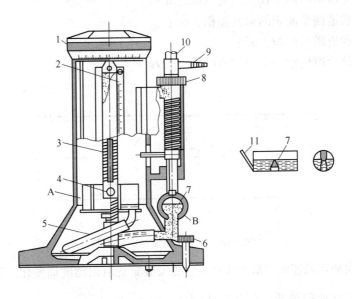

图 3-9 补偿式微压计

A，B—盛水容器；1—微调盘；2—刻度盘；3—螺杆；4—胶管接头 "-"；5—连通胶管；6—底座螺钉；7—水准头；8—调节螺母；9—胶管接头 "+"；10—密封螺钉；11—反光镜

为使测量准确，仪器上装有微调装置与水准观察装置。微调装置由刻有 200 等分的微盘构成，将它左右转动一圈，螺杆将带动容器 A 上下移动 2mm，其精度能读到 0.01mmH$_2$O（1mmH$_2$O=9.8Pa）。水准观察装置根据光学原理使水准头形成倒像。当水准头的尖端和像的尖端恰好接触时，说明容器 B 中水面已经达到要求的位置。

使用补偿微压计测压时，要整平对零，使容器 B 中水准头的尖端和像的尖端正好相接，并注意大小两个压力不能错接；最后在刻度尺和微调盘上读出所测压力差。

3.4　矿井风速测定和风流结构

3.4.1　矿井风流的速度分布与平均风速

空气在井巷或管道中流动时，由于空气的黏性和与井巷或管道界壁的摩擦作用，同一横断面上风流的速度是各不相同的。

井巷中的紊流风流在靠近边壁处有一层很薄的层流边层，在此层内，空气流动的速度较低，如图 3-10 所示。在层流边层以外，即巷道横断面上的绝大部分，充满着紊流风流，它的风速较高，并由巷道壁向轴心方向逐渐增大。如果将巷道横断面上任一点的风速以 v_i 表示，则巷道的平均风速计算为式(3-17)，风量计算为式(3-18)：

$$v = \frac{\int v_i \mathrm{d}s}{s} \tag{3-17}$$

$$Q = vs \tag{3-18}$$

式中　　v_i——巷道横断面上任一点的风速，m/s；

$\mathrm{d}s$——巷道横断面积的微元面积，m^2；

s——巷道横断面积，m^2；

Q——该巷道横断面上通过的风量，m^3/s。

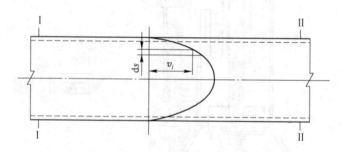

图 3-10　巷道中风流速度分布图

巷道横断面平均风速 v 与最大风速 v_{max} 之比值随巷道粗糙度而变化。巷道越光滑，比值 $\frac{v}{v_{max}}$ 越高，反之比值越低，$\frac{v}{v_{max}}$ 值一般为 0.75～0.85。

在矿井中，井巷的曲直程度、断面形状及大小均有变化，因此最大风速并不一定在井巷的轴线上，而且风速分布也不一定具有对称性。

3.4.2 风速测定

3.4.2.1 用风表测定风速

常用风表有翼式风表和杯式风表（见图 3-11 和图 3-12）。

翼式风表用于测定 0.5~10m/s 的中等风速；具有高灵敏度的翼式风表也可以测定 0.1~0.5m/s 的低风速。杯式风表用于测定大于 10m/s 的高风速。

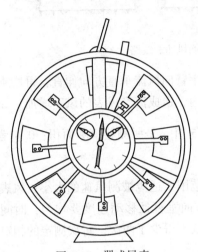

图 3-11　翼式风表

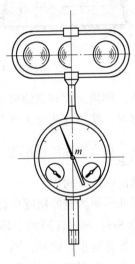

图 3-12　杯式风表

杯式和翼式风表内部结构相似，是由一套特殊的钟表传动机构、指针和叶轮组成。杯式的叶轮是四个杯状铝勺，翼式的叶轮则为八张铝片。此外，风表上有一个启动和停止指针转动的小杆，打开时指针随叶轮转动，关闭时叶轮虽转动但指针不动，某些风表还有回零装置，以便从零开始计量表速。测定时，先回零，待叶轮转动稳定后打开开关，则指针随着转动，同时记录时间，经 1~2min 后关闭开关。测完后，根据记录的指针读数和指针转动时间，算出风表指示风速（表速）N，再用如图 3-13 所示的校正曲线换算成真实风速 v。

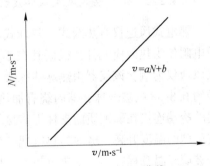

图 3-13　风表校正曲线

杯式和翼式风表可以测一点的风速，也可以测量巷道的平均风速。

用风表测定巷道断面平均风速时，测风员应该使风表正对风流，在所测巷道的全断面上按一定的线路均匀移动风表。通常采用的线路有如图 3-14 所示的（a）、（b）、（c）三种。

（a）线路比（b）、（c）线路操作复杂，但更准确一些。一般对较大的巷道断面用（b）线路，较小的巷道断面用（c）线路。

根据测风员与风流方向的相对位置，分迎面和侧面两种测风方法。

迎面法：测风员面向风流站立，手持风表，手臂向正前方伸直，然后照一定的线路使风表作均匀移动。由于人体位于风表的正后方，人体的正面阻力将减低流经风表的风速，因此该法测得的风速，需经校正后才是真实风速 $v = 1.14v_s$。

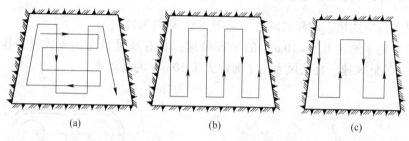

图 3-14　用风表测定断面平均风速的线路

侧身法：测风员背向巷道壁站立，手持风表将手臂向风流垂直方向伸直，再按一定线路作均匀移动。使用此法时人体与风表在同一断面内，造成流经风表的风速增加。如果测得风速为 v_s，那么实际风速则为 v，$v = \dfrac{s - 0.4}{s} v_s$。式中 s 是所测巷道断面积；0.4 是人体占据巷道断面的估算面积。

为了保证所测风速的精度应该做到：风表测量范围要适应被测风速的大小；风表距人体约 0.6~0.8m；风表在断面上移动时必须与风流方向垂直且移动速度要均匀；时间记录与转数测量务必同步。此外，同一断面风速测定次数不得少于两次，每次测定的相对误差应在±5%以内，否则需要再次测定。

3.4.2.2　用热电式风速仪和皮托管压差计测定风速

热电式风速仪有热线式、热球式和热敏电阻式三种，它们分别以金属丝、热电偶和热敏电阻作为热效应元件，根据其在不同风速中热损耗量的大小测量风速。以 QDF 型热球式风速仪为例：该仪器由热球式探头、电表和运算放大器等构成。在测杆的端部有一个直径约 0.8mm 的玻璃球，球内绕有加热玻璃球用的镍铬丝线圈和两个串联的热电偶，热电偶的冷端连接在磷铜质的支柱上直接暴露在风流中。当一定大小的电流通过加热线圈后，玻璃球的温度升高，球内的热电偶产生热电势。热电势的大小和风流的速度有关，风速大时玻璃球温升程度小，则热电势小，反之则热电势大。热电势再经运算放大器后就可以在电表上指示出来。校正后的电表读数即风流的真实速度。

热电式风速仪操作比较方便，但现有的热电式风速仪易于损坏，灰尘和湿度对它都有一定的影响，有待进一步改进以便广泛使用。

3.4.2.3　高风速测定

皮托管压差计可用于扇风机风硐或风筒内高风速的测定，它是通过测量测点的动压，然后按式（3-19）换算出测点风速 v_f（单位：m/s）。

$$v_f = \sqrt{\frac{2H_v}{\rho}} \tag{3-19}$$

式中 H_v——测点的动压，Pa；

ρ——测点空气密度，kg/m^3。

风速过低或压差计精度不够时，误差比较大。

现有的热电式风速仪和皮托管压差计都不能连续累计断面内各点的风速，只能孤立的测定某点风速。因此，用这类仪器测定巷道或管道的平均风速时，应该把巷道断面划分成若干个面积大致相等的方格（图 3-15），再逐格在其中心测量各点风速 v_1，v_2，…，v_n，最后取平均值得平均风速 v，即式(3-20)：

$$v = \frac{v_1 + v_2 + \cdots + v_n}{n} \qquad (3\text{-}20)$$

式中 n——划分的等面积方格数。

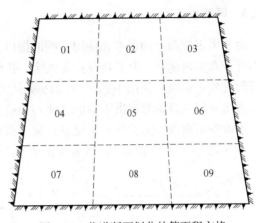

图 3-15　巷道断面划分的等面积方格

圆形风筒的横断面应划分成若干等面积的同心部分（图 3-16），每一个等面积里相应的有一个测点圆环。用皮托管压差计测定时，在互相垂直的两个直径上，可以测得每个测点圆环的四个动压值，用这一系列的动压值，就可以计算出风筒全断面的平均风速。

测点圆环的数量 n，根据被测风筒直径确定。一般直径为 $300\sim600\text{mm}$ 时 n 取 3，直径为 $700\sim1000\text{mm}$ 时 n 取 4。

测点圆环半径通常按式(3-21)计算：

$$R_i = R\sqrt{\frac{2i-1}{2n}} \qquad (3\text{-}21)$$

式中 R_i——第 i 个测点圆环半径，m；

R——风筒半径，m；

i——从风筒中心算起圆环序号。

风筒全断面的平均动压 H_v(Pa) 计算式为：

$$H_v = \left(\frac{\sqrt{H_{v1}} + \sqrt{H_{v2}} + \cdots + \sqrt{H_{vm}}}{m}\right)^2 \qquad (3\text{-}22)$$

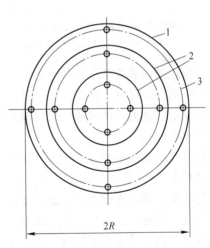

图 3-16　圆形风筒划分的等面积同心圆
1—风筒壁；2—等面积同心部分界线；
3—测点圆环；R—风筒半径

风筒全断面的平均风速（m/s）即可算出，其计算式为：

$$v = \sqrt{\frac{2H_v}{\rho}} \qquad (3\text{-}23)$$

式中 H_{v1}，H_{v2}，…，H_{vm}——测点动压，Pa；

m——测点总数。

3.4.2.4　测量很低的风速或者鉴别通风构筑物漏风

可以采用烟雾法或嗅味法近似测定空气移动速度。

3.4.3　风表校正

由于风表制造上的误差和使用中的磨损以及温度、湿度、风速、粉尘的影响，表速 N 并不等于真实风速 v。为了获得真实风速，必须用实验方法进行风表校正。新风表在出厂时都附有校正曲线，使用中的风表还必须定期校正，绘制出新的校正曲线。所谓风表校正，即用专门的设备测定出不同的表速与相应的真实风速之间的关系，然后在坐标纸上把它们绘成校正曲线。实验室校正设备有旋臂式校正装置和空气动力管等。

空气动力管（亦称风洞）风表校正装置式样很多，图 3-17 所表示的是其中的一种。

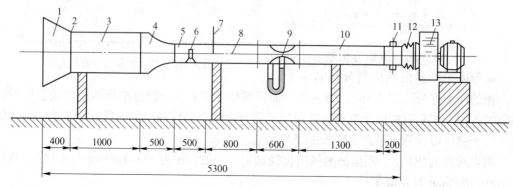

图 3-17　空气动力管式风表校正装置
1—集流器；2—阻尼网；3—稳流管；4—收缩管；5—工作管；6—风表；7—皮托管；8，10—直线管；
9—文丘里喷嘴及压差计；11—调节阀；12—帆布接头；13—扇风机

被校正的风表置于工作管 5 之中，管中的风速用调节阀 11 控制，其大小从连接于文丘里喷嘴的压差计 9 上读出。压差计 9 的刻度用皮托管 7 测算的平均速度校正。

改变空气动力管的风速，可以获得若干组表速 N 与真实风速 v 之对应值，依此能够绘出风表校正曲线。

旋臂式风表校正装置主要由一根长 2m 左右、可以旋转的横杆组成。校正风表必须在一个没有空气流动的房间中进行，首先将风表固定在旋臂的一端，转动旋臂，风表就与旋臂一起转动，风表所在点的行走速度根据转速和旋臂直径可以计算出来，该速度即为准确的风速值；同时，记录下风表的指示风速。按照上述步骤，改变旋臂的转速，就可以得出准确风速和指示风速两组数值，从而建立风表校正方程式和校正曲线图。

空气动力管适宜校正中速和高速风表，旋臂式多用于校正中速和低速风表。在矿井通风测定工作中，有时也可用已校好的风表粗略地校正其他风表。

3.4.4　风流的运动形式

风流的运动形式有两种，一种是有固定边界的风流，例如井筒、巷道及管道中的风流就属于这一种，其特点是空气受边界的限制而沿风道方向流动。另一种是没有固定边界的风流即自由风流，或称射流。当空气由巷道流进宽大的硐室或空气自风筒末端排到巷道时就会出现自由风流。它的特点为，风流的边界不是风道壁，而是与风流同一相态的介质。

自由风流的横断面随流动方向逐渐扩散，形成圆锥形。此圆锥形风流在前进途中如遇界壁时，则为受限自由风流，如图3-18（a）所示。当圆锥形得以充分发展时，即为完全自由风流，如图3-18（b）所示。矿井通风中，通常把固定边界的风流称巷道型风流，无固定边界的风流称硐室型风流。

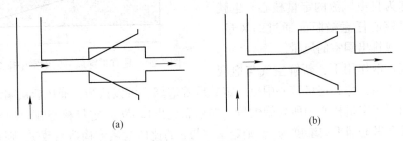

图 3-18　自由风流
（a）受限自由风流；（b）完全自由风流

3.4.4.1　巷道型风流与紊流变形

图3-19所表示的巷道型风流，右侧和左侧分别为进风道和回风道，爆破后工作场所 abcd 中充满炮烟。

欲把 abcd 中的炮烟排进回风道，必须源源不断地供给新鲜风流。当风流以紊流运动状态通过巷道型场所时，其排烟的实质是以纵向运移为主、横向扩散

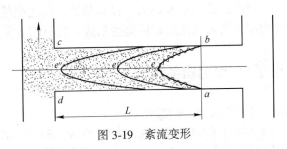

图 3-19　紊流变形

为辅的过程。由于作业场所断面上各点风速分布不均匀，在轴心处风速高，炮烟走得快，在靠近作业面边壁处风速低，炮烟走得慢，随着通风时间增加，炮烟区将逐渐变形，形成逐渐伸展的风流波（aeb）。与此同时，作业场所任意断面上的炮烟平均浓度发生变化。这种断面上风速分布不均匀，使炮烟区在移动过程中产生变形。断面上炮烟平均浓度逐渐变化的过程，称为紊流变形。

在风流波波面 aeb 上，风流和炮烟相接触。因横向脉动速度作用，波面两侧的风流与炮烟相互掺杂，使波面呈不光滑状态。为便于分析，可把它看成光滑的曲面。

在风流的作用下，波面 aeb 不断向前移动，经过 ae'b 、ae"b 等位置而达到回风道。可以认为，巷道末端 cd 断面上的炮烟平均浓度合乎允许标准时，就算排烟完毕。

3.4.4.2　硐室型风流与紊流扩散

硐室型风流具有自由风流的特性。在紊流脉动作用下，硐室型风流与周围的空气进行质量交换。流动的质量随距硐室入风口距离的增加而增大，风速则逐渐降低，动量保持不变。

具有贯穿风流的硐室中排烟排尘如图3-20所示。爆破后硐室中充满炮烟，新鲜风流由进风口 aa' 流入，经硐室后从排风口 dd' 流出。因为进风口流入的风量必然等于排风口

流出的风量 Q，故自由风流各横断面通过
的风量，只有与进风量相等的那一部分才
是被排出的风量。如果把自由风流中等于
进出风量的每个横断面连在一起，即形成
一个等风量的柱体，这个柱状体内所圈定
的风流就称为自由风流的定量核心。也就
是说，定量核心任意横断面通过的风量，
均等于流入或排出硐室的风量。

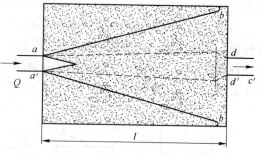

图 3-20　具有贯穿风流的硐室中排烟排尘

　　在紊流扩散作用下，新鲜空气与炮烟
在边界层相掺杂，那么定量核心中也一定充斥着炮烟。可以认为，通风后从硐室中排出的
炮量，即相当于定量核心中所含炮烟量。如果靠近出口 dd' 处定量核心断面的炮烟平均浓
度为 c'，硐室里炮烟平均浓度为 c，则定义 c' 与 c 的比值为紊流构造系数 a，则紊流扩散系
数用式（3-24）表示：

$$K = aSl = \frac{c'}{c}Sl \qquad\qquad (3-24)$$

　　紊流扩散系数 K 越大，排烟越快，反之则越慢。可见，K 值与硐室长度 l，入风口的
断面积 S 及入风流的紊流构造系数 a 具有函数关系。

 ## 复习思考题

3-1　何谓空气密度、重度和黏性？

3-2　何谓大气压力？何谓静压、动压和全压？各有什么特性？

3-3　空气压力单位 mmH_2O、Pa、mmHg 如何换算？

3-4　说明影响空气密度大小的主要因素。压力和温度相同的干空气与湿空气相比，哪种空气密度大？为
　　什么？

3-5　已知某矿内空气压力 $p = 103958Pa$，空气温度 $t = 17℃$，空气的相对湿度 60%，求空气的密度。

3-6　试述倾斜压差计的测压原理。

3-7　简述空盒气压计的基本原理。

3-8　简述翼式风表测定巷道平均风速的步骤。

3-9　简述巷道风流排除炮烟的过程。

第4章 矿井风流流动的能量方程及其应用

4.1 矿井风流的能量方程

当空气在井巷中流动时，将会受到通风阻力的作用，消耗其能量。为保证空气连续不断地流动，就必须有通风动力对空气做功，使得通风阻力和通风动力相平衡。空气在其流动过程中，由于自身因素和流动环境的综合影响，空气的压力、能量和其他状态参数沿程将发生变化。本节将重点讨论矿井通风中空气流动的压力和能量变化规律，导出矿井风流运动的连续性方程和能量方程。

4.1.1 空气流动连续性方程

4.1.1.1 连续性方程

质量守恒是自然界中基本的客观规律之一。在矿井巷道中流动的风流是连续不断的介质，充满它所流经的空间。在无点源或点汇存在时，根据质量守恒定律：对于稳定流（流动参数不随时间变化的流动称之稳定流）流入某空间的流体质量必然等于流出某空间的流体质量。风流在井巷中的流动可以看做是稳定流，因此这里仅讨论稳定流的情况。

当空气在图 4-1 的井巷中从断面 1 流向断面 2，且做定常流动时（即在流动过程中不漏风又无补给），则两个过流断面的空气质量流量（kg/s）相等，即：

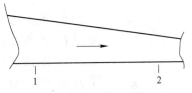

图 4-1 一元稳定流连续性分析图

$$\rho_1 v_1 S_1 = \rho_2 v_2 S_2 \tag{4-1}$$

式中　ρ_1，ρ_2 ——断面 1、断面 2 上空气的平均密度，kg/m^3；

　　　v_1，v_2 ——断面 1、断面 2 上空气的平均流速，m/s；

S_1，S_2——断面 1、断面 2 的断面积，m^2。

任一过流断面的质量流量 $q_m(kg/s)$ 为常数，即得式（4-2）：

$$q_m = 常数 \qquad (4-2)$$

这就是空气流动的连续性方程，它适用于可压缩和不可压缩流体。

对于可压缩流体，根据式（4-1），当 $S_1 = S_2$ 时，空气的密度与其流速成反比，也就是流速大的断面上的密度比流速小的断面上的密度要小。

对于不可压缩流体（密度为常数），则通过任一断面的体积流量 $q_V(m^3/s)$ 相等，即得式(4-3)：

$$q_V = v_i S_i = 常数 \qquad (4-3)$$

即对不可压缩流体来说，井巷断面上风流的平均流速与过流断面的面积成反比。即在体积流量一定的条件下，空气在断面大的地方流速小，在断面小的地方流速大。

空气流动的连续性方程为井巷风量的测算提供了理论依据。

以上讨论的是一元稳定流的连续性方程。大多数情况下，空气在矿井巷道中的流动可近似地认为是一元稳定流，这在工程应用中是满足要求的。

4.1.1.2　风流运动的能量方程

风流运动的能量方程式是研究矿井通风动力与阻力之间的关系以及进行矿井通风阻力测算的基础。如果将矿井通风中空气的流动看做是一种定常流动，即井下空间某点的空气速度、流向不随时间变化，同时将空气看成是不可压缩的，即空气密度不发生变化，而考虑空气流动过程中，由于空气的黏性和管壁的摩擦等形成阻力而引起能量损失。根据能量守恒定律，当空气从断面 1 流向断面 2 时（见图 4-2），列出的能量方程为式（4-4）：

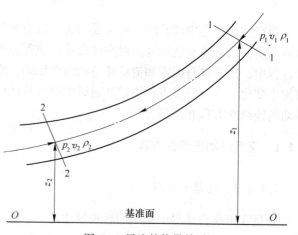

图 4-2　风流的能量关系

$$p_1 + \frac{\rho_1 v_1^2}{2} + \rho_{m1} g z_1 = p_2 + \frac{\rho_2 v_2^2}{2} + \rho_{m2} g z_2 + h_{12} \qquad (4-4)$$

式中　p_1，p_2——断面 1、断面 2 处单位体积风流的静压能，Pa；

$\quad\quad v_1$，v_2——断面 1、断面 2 处的平均风速，m/s；

$\quad\quad z_1$，z_2——断面 1、断面 2 处距基准面的高度，m；

$\quad\quad\quad g$——重力加速度，m/s；

$\quad\quad h_{12}$——单位体积风流的压力损失，或称阻力，Pa。

由于实际矿井内空气流动时，同一断面上各点的风速不是均匀一致的，通常以断面的平均风速来计算，两断面的密度也有差别，各用不同的空气密度 ρ_1、ρ_2 代替平均密度 ρ，并以断面 1、断面 2 到基准面空气柱的平均密度 ρ_{m1}、ρ_{m2} 分别计算该断面的平均位能，则式（4-4）可改写成适合于矿井通风工程中应用的形式，如式（4-5）所示：

$$h_{12} = (p_1 - p_2) + \left(\frac{\rho_1 v_1^2}{2} - \frac{\rho_2 v_2^2}{2}\right) + (\rho_{m1}gz_1 - \rho_{m2}gz_2) \tag{4-5}$$

式中　　p_1，p_2——断面 1、断面 2 处单位流体的压能，表现为静压，Pa；

$\dfrac{\rho_1 v_1^2}{2}$，$\dfrac{\rho_2 v_2^2}{2}$——断面 1、断面 2 处单位体积的动能，Pa；

$\rho_{m1}gz_1$，$\rho_{m2}gz_2$——断面 1、断面 2 处单位体积风流的位能，Pa。

式（4-5）表明，两断面之间的压能、动能与位能之差的总和等于风流由断面 1 到断面 2 因克服井巷阻力所损失的能量。风流总是由总能量大的地方流向总能量小的地方。风流的静压和动压可用压力计直接测得，但风流位能却是一种潜在的能量，不能表现为某一压力值，也无法用压力计直接测得其大小，只能根据该断面到基准面的垂直高度，即由该断面到基准面间空气柱的平均密度进行计算。

既然井巷的通风阻力等于风流的总能量损失，那么，井巷阻力的大小就可以通过测定两断面间的总能量损失而获得。

4.1.2 断面不同的水平巷道能量方程

由于水平巷道中 $z_1 = z_2$，空气密度又近似相等，因此，方程式（4-5）可简化为式（4-6）：

$$h_{12} = (p_1 - p_2) + \left(\frac{\rho_1 v_1^2}{2} - \frac{\rho_2 v_2^2}{2}\right) \tag{4-6}$$

式（4-6）表明，断面不同的水平巷道，两断面间的静压差和动压差之和等于这段巷道的通风阻力。如果用精密气压计分别测定断面 1、断面 2 处的静压 p_1 和 p_2，又用风速计分别测定两断面的平均风速 v_1 和 v_2，并计算出动压，然后按式（4-6）两断面的静压差与动压差之和即为这段巷道的通风阻力。如果用皮托管的静压端和压差计直接测定两断面间的静压差，再加上两断面的动压差，同样可求得这段巷道的通风阻力。

如果是断面积均匀不变的水平巷道，有 $z_1 = z_2$，$v_1 = v_2$ 则式（4-6）变化为式（4-7）：

$$h_{12} = p_1 - p_2 \tag{4-7}$$

4.1.3 断面相同的垂直或倾斜巷道能量方程及其应用

由于 $v_1 = v_2$，两断面间的动压差为零，此时，式（4-5）可简化成式（4-8）：

$$h_{12} = (p_1 - p_2) + (\rho_{m1}gz_1 - \rho_{m2}gz_2) \tag{4-8}$$

如果将基准面取在下方的断面上，则有 $z_1 = 0$，$z_2 = z$，式（4-8）变化为式（4-9）：

$$h_{12} = (p_1 - p_2) + \rho_m gz \tag{4-9}$$

式（4-9）表明，在断面相同的垂直或倾斜巷道中，两断面的静压差与位能差之和等于该段井巷的通风阻力。可用精密气压计和温度计测量 p、t、z 计算得到该段通风阻力。如果用皮托管静压端和压差计直接测定两断面间压差时，压差计上的示度 Δp（图 4-3）即为井巷通风阻力，无需再计算两断面的位能差。

如图 4-3，压差计左侧承受的压力为 p_L，它等于断面 1 处风流静压 p_1 与左侧胶皮管中

空气柱 $\rho_{m1}gz_1$ 之和，即：

$$p_L = p_1 + \rho_{m1}gz_1 \qquad (4\text{-}10)$$

压差计右侧所承受的压力 p_R，有：

$$p_R = p_2 + \rho_{m2}gz_2 \qquad (4\text{-}11)$$

压差计上示度 Δp 为：

$$\Delta p = p_L - p_R = (p_1 - p_2) + (\rho_{m1}gz_1 - \rho_{m2}gz_2) \qquad (4\text{-}12)$$

这就说明，用此法测得的压差值，即为该段井巷的通风阻力。

4.1.4　有扇风机工作时的能量方程式

如图 4-4 所示，在断面 1 和断面 2 之间如果有扇风机工作，则断面 1 的全能量与扇风机的全压之和应等于断面 2 的全能量与断面 1 和断面 2 之间的通风阻力之和。

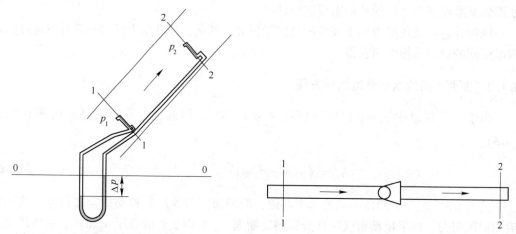

图 4-3　用皮托管—压差计测定风流压差　　　　图 4-4　有扇风机工作的风路

此时，单位体积流体的能量方程式可写成式 (4-13)：

$$p_1 + \frac{\rho_1 v_1^2}{2} + \rho_{m1}gz_1 + H_f = p_2 + \frac{\rho_2 v_2^2}{2} + \rho_{m2}gz_2 + h_{12} \qquad (4\text{-}13)$$

式中　H_f——扇风机的全压。

当分析扇风机工作状况时，常在扇风机入口取断面 1，出口取断面 2，列出能量方程式，若将扇风机内部阻力（断面 1 和断面 2 之间）忽略不计，即 $h_{12} = 0$，且 $\rho_{m1}gz_1 = \rho_{m2}gz_2$，则能量方程式为：

$$H_f = (p_2 - p_1) + \left(\frac{\rho_2 v_2^2}{2} - \frac{\rho_1 v_1^2}{2} \right) \qquad (4\text{-}14)$$

式 (4-14) 表明，扇风机的全压等于扇风机出风口与入风口之间的静压差与动压差之和。

4.1.5　断面变化的垂直或倾斜巷道的能量分耗及其应用

当垂直或倾斜巷道两端断面不相同时，欲测定这段巷道的通风阻力，必须全面测定两断面的静压差、动压差和位能差，然后根据能量方程式的一般形式，计算通风阻力。

如果用皮托管的静压端，压差计上的示度 Δp 等于两面间静压差（p_1-p_2）与位能差（$\rho_{m1}gz_1 - \rho_{m2}gz_2$）之和，只要再加上动压差 $\left(\dfrac{\rho_1 v_1^2}{2} - \dfrac{\rho_2 v_2^2}{2}\right)$，即可求得通风阻力 h_{12}。用皮托管和压差计测定通风阻力时，通常不用皮托管的全压端直接测定两断面间的全能量差。因为用皮托管的全压端所测得的是断面上某一点的全压。如果在两个不同的断面上，由于皮托管所放位置不同，或风速分布不规则，都能使所测得的结果不能反映巷道通风阻力的真实数值。用皮托管的静压端则无此弊端。

4.1.6　关于能量方程运用的几点说明

从能量方程的推导过程可知，方程是在一定条件下导出的，并对它做了适当的简化。因此，在应用能量方程时应根据矿井的实际条件，正确理解能量方程中各参数的物理意义，灵活应用。

（1）能量方程的意义是表示 1kg（或 1m³）空气由断面 1 流向断面 2 的过程中所消耗的能量（通风阻力）等于流经断面 1 与断面 2 之间空气总能量（静压能、动压能和位能）的变化量。

（2）风流地流动必须是稳定流，即断面上的参数不随时间的变化而变化，所研究的始、末断面要放在缓变流场上。

（3）风流总是从总能量大的地方流向总能量小的地方。在判断风流方向时，应用依据始末两断面上的总能量，而不能只看其中的某一项。如不知风流方向，列能量方程时，应先假设风流方向，如果计算出的能量损失（通风阻力）为正，说明风流方向假设正确，如果为负，则风流方向假设错误。

（4）正确选择基准面。

（5）在始、末断面间有压源时，压源的作用方向与风流的方向一致，压源为正，说明压源对风流做功；如果两者方向相反，压源为负，则压源成为通风阻力。

（6）单位质量流量或单位体积流量的能量方程只适用断面 1 与断面 2 之间流量不变的条间，对于流动过程中有流量变化的情况，应按总能量的守恒与转换定律列方程。

（7）应用能量方程时要注意各项单位的一致性。

4.2　能量方程在分析通风动力与阻力关系上的应用

把全矿通风系统内风流视为连续风流，可应用能量方程式分析通风动力与阻力之间的关系。

4.2.1　压入式通风

图 4-5 所示为压入式扇风机工作，在风硐内断面 1 出口造成静压 p_1，平均风速 v_1；出风井口断面 2 处的静压等于地表大气压力 p_0，出风口平均风速 v_2，则断面 1 与断面 2 之间能量方程式为式(4-15)：

$$(p_1 - p_0) + \left(\frac{\rho_1 v_1^2}{2} - \frac{\rho_2 v_2^2}{2}\right) + (\rho_{m1}gz_1 - \rho_{m2}gz_2) = h_{12} \qquad (4\text{-}15)$$

以 H_s 表示扇风机在风硐中所造成的相对静
压，扇风机房静压水柱计上所测得的压差即为
此值。$H_n = \rho_{m1}gz_1 - \rho_{m2}gz_2$ 为断面 1 到断面 2 之
间的位能差，它相当于因入风井、排风井两侧
空气柱质量不同而形成的自然风压。h_{12} 为矿井
通风阻力。式（4-15）可写成式(4-16)：

$$\left(H_s + \frac{\rho_1 v_1^2}{2}\right) + H_n = h_{12} + \frac{\rho_2 v_2^2}{2} \qquad (4\text{-}16)$$

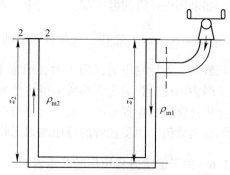

图 4-5　压入式扇风机工作

式（4-12）说明，对于压入式通风，扇风
机在风硐中所造成的静压与动压之和，与自然
风压共同作用，克服了矿井通风阻力，并在出风井口造成动压损失。

　　为使矿井通风阻力与扇风机全压联系起来，根据式（4-11），可列出扇风机入口与扇
风机风硐间的能量方程式。由于扇风机入口外的静压等于大气压力 p_0，其风速等于零，
当忽略这段巷道的通风阻力时，其能量方程式为：

$$H_f = (p_1 - p_0) + \frac{\rho_1 v_1^2}{2}$$

或 $\qquad\qquad\qquad\qquad\qquad\qquad\qquad\qquad\qquad\qquad\qquad\qquad (4\text{-}17)$

$$H_f = H_s + \frac{\rho_1 v_1^2}{2}$$

即扇风机的全压等于扇风机在风硐中所造成的静压（即为扇风机的静压）与动压
之和。

　　将式（4-17）代入式(4-16) 时，即得式(4-18)：

$$H_f + H_n = h_{12} + \frac{\rho_2 v_2^2}{2} \qquad (4\text{-}18)$$

　　式（4-18）表明，扇风机全压与自然风压共同作用，克服了矿井通风阻力，并在出风
井口造成动压损失。

　　扇风机全压与矿井通风阻力的关系，也可用压力分布图来表示。图 4-6 是沿矿井风路
扇风机所造成的压力与矿井通风阻力的变化关系。

　　图 4-6 表明，在压入式扇风
机风硐内，扇风机的全压 H_f 等于
扇风 H_s 与动压 $\dfrac{\rho_1 v_1^2}{2}$ 之和。随着风
流向前流动，由于克服矿井通风
阻力，扇风机的全压和静压逐渐
被消耗。在矿井出风口，扇风机
的全压大部分用于克服矿井通风
阻力 h_{12}，只剩下一小部分，它等
于矿井出风口的动压损失 $\dfrac{\rho_2 v_2^2}{2}$。

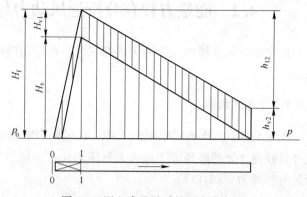

图 4-6　压入式通风时的压力分布图

4.2.2 抽出式通风

如图 4-7 所示，扇风机安设在出风口进行抽出式通风，在风硐中断面 2 处静压为 p_2，平均风速为 v_2；入风井口断面 1 处的静压等于地表大气压力 p_0，入风口平均风速为零。则断面 1 到断面 2 之间的能量方程式为式(4-19)：

$$(p_0 - p_2) + (\rho_{m1}gz_1 - \rho_{m2}gz_2) - \frac{\rho_2 v_2^2}{2} = h_{12} \tag{4-19}$$

$$H_s + H_n = h_{12} + \frac{\rho_2 v_2^2}{2} \tag{4-20}$$

式中 H_s——扇风机在风硐中所造成的静压（以绝对值计），$H_s = p_0 - p_2$；

H_n——矿井中的自然风压，$H_n = \rho_{m1}gz_1 - \rho_{m2}gz_2$；

h_{12}——矿井通风阻力；

$\dfrac{\rho_2 v_2^2}{2}$——抽出式扇风机在风硐中所造成的动压。此动压对矿井通风而言，没有起到克服矿井通风阻力的作用。

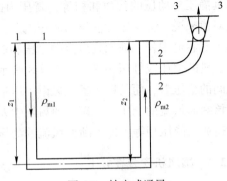

图 4-7 抽出式通风

式（4-20）表明，抽出式通风时，扇风机在风硐中所造成的静压（绝对值）与自然风压共同作用，克服了矿井通风阻力，并在风硐中造成动压损失。

为了分析扇风机全压与通风阻力的关系，需要列出由扇风机入口 2 到扩散塔出口 3 的能量方程式。这个方程式包括扇风机在内，并忽略这段巷道的通风阻力，则扇风机全压（以绝对值表示）H_f 为：

$$H_f = (p_0 - p_2) + \left(\frac{\rho_3 v_3^2}{2} - \frac{\rho_2 v_2^2}{2}\right) \quad 或 \quad H_f = H_s + \frac{\rho_3 v_3^2}{2} - \frac{\rho_2 v_2^2}{2} \tag{4-21}$$

将式（4-20）代入式（4-21）时，即得式（4-22）：

$$H_f + H_n = h_{12} + \frac{\rho_3 v_3^2}{2} \tag{4-22}$$

式（4-22）表明，抽出式扇风机的全压与自然风压共同作用，克服了矿井通风阻力，并在扇风机扩散塔出口造成动压损失。

在通风技术上，利用良好的扩散器，降低扇风机出口的动压损失，对提高扇风机的效率有很实际的意义。

但在不考虑自然风压时，在扇风机的全压中，用于克服矿井通风阻力 h_{12} 的那一部分，常称为扇风机的有效静压，以 H_s' 表示，则：

$$H_s' = H_s - \frac{\rho_2 v_2^2}{2} \quad 或 \quad H_s' = H_f - \frac{\rho_3 v_3^2}{2} \tag{4-23}$$

式（4-23）说明，在抽出式通风时，扇风机的有效静压为扇风机在风硐中所造成的静压与风硐中风流动压之差，或者等于扇风机的全压与扩散塔出口的动压之差。

图 4-8 为抽出式通风时的压力分布图。抽出式通风时，全巷道均为负压（低于当地大气压力）。在井巷入口处，空气压力与大气压力相同，高于井下巷道中风流的压力，因而使风流向井巷中流动。风流进入井巷后，由于具有风速，使风流的部分压能转化为动能，其静压为负值。随着风流沿井巷流动，因克服井巷通风阻力而产生能量损失，风流的全压和静压均为负值。在井巷的任一断面处，风流的全压均与其静压与动压的代数和相等，就压力的

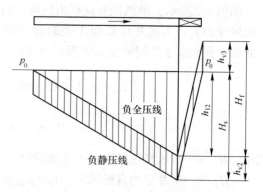

图 4-8　抽出式通风时的压力分布图

绝对值来说，其全压为静压与动压之差，风流的全压与风流由入风口到该断面的通风阻力相等。巷道中任一断面处风流的全压和静压都是由扇风机所造成的。但是，其数值并不与扇风机的全压或静压相等。如图 4-8 所示，扇风机全压 H_f 等于扩散塔出口与扇风机风硐之间的全压差，而与扇风机在风硐中所造成的全压不等。扇风机在风硐中所造成的全压，即该断面风流的全压，与矿井通风阻力 h_{12} 相等，而扇风机的静压 H_s 则与扇风机在风硐中所造成的静压相等，即该断面风流的静压。

4.2.3　扇风机安装在井下

扇风机安装在井下时，在扇风机前后都有一段风路，都有通风阻力。如图 4-9 所示，首先列出扇风机入风口、出风口断面 1 到断面 2 的能量方程式，可得扇风机的全压 H_f 为式（4-24）：

$$H_f = (p_2 - p_1) + \left(\frac{\rho_2 v_2^2}{2} - \frac{\rho_1 v_1^2}{2} \right) \qquad (4\text{-}24)$$

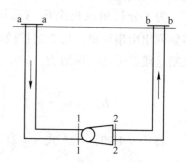

图 4-9　扇风机安装在井下

设 $H_s = p_2 - p_1$ 为扇风机静压，若入风、排风两侧巷道断面十分接近，$S_1 \approx S_2$，则 $v_1 \approx v_2$，此时 $H_f = H_s$，即扇风机的全压与扇风机的静压相等。

测定井下扇风机静压时，必须在扇风机入风口和出风口两侧均安设皮托管，并将其静压端分别连接在压差计上，所测得的压差值才是扇风机的静压。若计算扇风机的全压，还需测定入口、出口的平均风速 v_1、v_2，然后根据全压公式算出全压。为了分析扇风机风压与井巷通风阻力之间的关系，还需列出由入风井口断面 a 到扇风机入风口断面 1 之间的能量方程式为式（4-25）：

$$p_a + \frac{v_a^2}{2}\rho_a + z_a g \rho_{ma} = p_1 + \frac{v_1^2}{2}\rho_1 + z_1 g \rho_{m1} + h_{a1} \qquad (4\text{-}25)$$

式中　h_{a1}——风流由断面 a 流到断面 1 的通风阻力。

由于入风井口处风速为零，即 $v_a = 0$，井底断面 1 处距基准面的距离为零，则 $z_1 = 0$，

式（4-25）可化成式（4-26）：

$$h_{a1} = p_a - p_1 + z_a g \rho_{ma} - \frac{v_1^2}{2} \rho_1 \tag{4-26}$$

再列出由扇风机出风口断面 2 到出风井口断面 b 之间的能量方程式为式（4-27）：

$$p_2 + \frac{v_2^2}{2} \rho_2 + z_2 g \rho_{m2} = p_b + \frac{v_b^2}{2} \rho_b + z_b g \rho_{mb} + h_{2b} \tag{4-27}$$

式中　h_{2b}——风流由扇风机出口断面 2 到出风井口断面 b 的通风阻力。

由于 $z_2 = 0$，则得式（4-28）：

$$h_{2b} = (p_2 - p_b) + \left(\frac{v_2^2}{2} \rho_2 - \frac{v_b^2}{2} \rho_b \right) - z_b g \rho_{mb} \tag{4-28}$$

整理合并式（4-26）、式（4-28），并已知 $p_b = p_a = p_0$（井口处地表大气压力），则可得式（4-29）：

$$H_f + H_n = h_{ab} + \frac{v_b^2}{2} \rho_b \tag{4-29}$$

式中　H_n——矿井自然风压，$H_n = z_a g \rho_{ma} - z_b g \rho_{mb}$；

　　　h_{ab}——矿井通风阻力，$h_{ab} = h_{a1} + h_{2b}$。

式（4-29）表明，当扇风机安装在井下时，扇风机的全压与自然风压共同作用，用于克服扇风机入风侧与出风侧的阻力，并在出风井口造成动压损失。

扇风机安装在井下时，其压力分布如图 4-10 所示，在入风段，全压与静压均为负值，在出风段，全压与静压均为正值。

综上所述，无论压入式、抽出式或扇风机安装在井下，用于克服矿井通风阻力和造成出风井口动压损失的通风动力，均为扇风机的全压与自然风压之和。因此，不能认为通风方式不同或安装地点不同，对扇风机能量的有效利用会产生多大的影响。值得注意的是，无论何种通风方式，或安

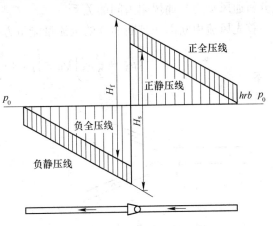

图 4-10　扇风机安装在井下时的压力分布

装地点有何不同，降低出风井口风流的动压损失，对节省扇风机的能量都是非常必要的。此外，不同的通风方式或不同的扇风机安装地点，扇风机的全压或静压与扇风机风硐中风流的全压或静压之间存在着不同的关系。压入式通风时，扇风机的全压等于扇风机风硐中风流的全压，扇风机全压水柱计上的示度即为此值。扇风机的静压也等于扇风机风硐中风流的静压，扇风机房静压水柱计上的示度就是扇风机的静压。通常以扇风机的全压作为压入式通风时扇风机的风压参数。这一风压值与矿井通风阻力及出风井口风流动压损失之和相对应。因此，在计算阻力时，除计算矿井阻力之外，还应再加上出风井口的动压损失。抽出式通风时则不然，欲求扇风机的全压，还需再加上扩散塔出风口的动压损失。扇风机风硐中风流全压又可称为扇风机的有效静压，它是用以克服矿井通风阻力的有效压力。通

常以此扇风机有效静压作为抽出式扇风机的风压参数。

当扇风机安装在井下时，排风风硐与入风风硐之间风流的全压差等于扇风机的全压，静压差等于扇风机的静压。通常也是以扇风机的全压作为扇风机的风压参数。计算阻力时，除计算矿井通风阻力外，还要加上出风井口的动压损失。

4.3   有分支风路的能量方程式

前几节所讨论的能量方程式是沿风流流动方向风量保持不变的情况下，单位体积流体的能量方程式。如果巷道有分支，沿风流流动方向风量发生变化，则不用单位体积流体的能量方程式，而应该用全流量能量方程式。

如图 4-11 所示，当风流从断面 0 流出后，分成两个分支，一个分支到断面 1，另一个分支到断面 2，则其全流量能量方程式见式 (4-30)（为分析问题方便起见，位能项忽略不计）：

$$\left(p_0 + \frac{v_0^2}{2}\rho_0\right) Q_0 = \left(p_1 + \frac{v_1^2}{2}\rho_1\right) Q_1 + h_{01}Q_1 + \left(p_2 + \frac{v_2^2}{2}\rho_2\right) Q_2 + h_{02}Q_2 \qquad (4\text{-}30)$$

式中 h_{01}，h_{02}——单位体积流体由断面 0 到断面 1、断面 2 的能量损失，Pa；

Q_0，Q_1，Q_2——断面 0，1，2 处的风量，$\mathrm{m^3/s}$。

图 4-12 为中央压入两翼排风的通风系统示意图，当风流由风硐断面 3 流到入风井底断面 0 后，分成两路，分别由两排风井口断面 1、断面 2 流出。以下应用全流量能量方程式分析通风动力与通风阻力间的关系。

首先风流由断面 3 到断面 0 的全流量能量方程式为式 (4-31)：

$$\left(p_3 + \frac{v_3^2}{2}\rho_3\right) Q_0 = \left(p_0 + \frac{v_0^2}{2}\rho_0\right) Q_0 + h_{30}Q_0 \qquad (4\text{-}31)$$

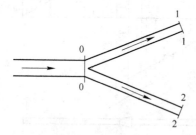

图 4-11   风流分支

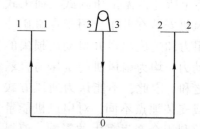

图 4-12   中央压入两翼排风的通风系统

再列出由断面 0 到断面 1、断面 2 的全流量能量方程式。其形式与式 (4-30) 相同。将 (4-30) 与 (4-31) 两式合并，可得式 (4-32)：

$$\left(p_3 + \frac{v_3^2}{2}\rho_3\right) Q_0 = h_{30}Q_0 + \left(p_1 + \frac{v_1^2}{2}\rho_1\right) Q_1 + h_{01}Q_1 + \left(p_2 + \frac{v_2^2}{2}\rho_2\right) Q_2 + h_{02}Q_2$$

$$(4\text{-}32)$$

若 $p_1 = p_2 = p_0$（井口处地表大气压力），则式 (4-32) 可变换成：

$$H_f Q_0 = h_{30}Q_0 + \left(h_{01} + \frac{v_1^2}{2}\rho_1\right) Q_1 + \left(h_{02} + \frac{v_2^2}{2}\rho_2\right) Q_2 \qquad (4\text{-}33)$$

式中，扇风机的全压 $H_f = (p_3 - p_a) + \dfrac{v_3^2}{2}\rho_3$。式（4-33）表明，在中央压入两翼排风的通风系统中，扇风机所造成的全能量（全流量的总能量）为共用巷道段全流量阻力与各分支风路在各该风量下的总阻力之和（包括出口动能损失）。

由于 $Q_0 = Q_1 + Q_2$，式（4-33）还可以变换成式（4-34）：

$$H_f Q_1 + H_f Q_2 = \left(h_{30} + h_{01} + \frac{v_1^2}{2}\rho_1\right)Q_1 + \left(h_{30} + h_{02} + \frac{v_2^2}{2}\rho_2\right)Q_2 \tag{4-34}$$

由此可得式（4-35）及式（4-36）：

$$H_f = h_{30} + h_{01} + \frac{v_1^2}{2}\rho_1 \tag{4-35}$$

$$H_f = h_{30} + h_{02} + \frac{v_2^2}{2}\rho_2 \tag{4-36}$$

式（4-35）及式（4-36）说明，在中央压入两翼排风的通风系统中，扇风机的全压（以单位体积流体计）等于由扇风机风硐起到各排风风路末端止，各段风路阻力之叠加值与出风井口动压损失之和。这种情况与压入式扇风机在单一风路中工作的情况是一致的。但要注意，每一段风路在计算总阻力时，都要把共用巷道的阻力计算在内。

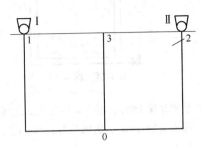

图 4-13 两翼抽出式通风系统

对于中央进风两翼排风的通风系统（见图4-13）。两台抽出式扇风机 I、扇风机 II 分别在两排风井口 1、井口 2 处工作．其通风动力和阻力之间的关系，也可以做类似的分析。所得结果如式（4-37）：

$$H_{fI} Q_1 + H_{fII} Q_2 = h_{30}Q_0 + \left(h_{01} + \frac{v_1^2}{2}\rho_1\right)Q_1 + \left(h_{02} + \frac{v_2^2}{2}\rho_2\right)Q_2 \tag{4-37}$$

式（4-37）表明，两翼抽出式通风系统中，两扇风机的全能量（各风路流量的总能量）之和，与共用段巷道全流量阻力与两翼风路的总阻力之和相等。

由于 $Q_0 = Q_1 + Q_2$，式（4-37）还可以变换成式（4-38）：

$$H_{fI} Q_1 + H_{fII} Q_2 = \left(h_{30}Q_0 + h_{01} + \frac{v_1^2}{2}\rho_1\right)Q_1 + \left(h_{30} + h_{02} + \frac{v_2^2}{2}\rho_2\right)Q_2 \tag{4-38}$$

由此可得式（4-39）及式（4-40）：

$$H_{fI} = h_{30} + h_{01} + \frac{v_1^2}{2}\rho_1 \tag{4-39}$$

$$H_{fII} = h_{30} + h_{02} + \frac{v_2^2}{2}\rho_2 \tag{4-40}$$

式（4-38）及式（4-39）表明，就单位体积流体的能量变化而言，各扇风机的全压分别等于各风路由入风井口到排风口的总阻力（包括出口动压损失）。计算各条风路总阻力时，每一段风路均应将共用段巷道的阻力计算在内。

复习思考题

4-1　如图 4-14 所示矿井，把左侧进口封闭后引出一胶管与水柱计连接。若左侧井内空气平均密度 $\rho_1 = 1.15\text{kg/m}$。右侧井内空气平均密度 $\rho_2 = 1.25\text{kg/m}^3$。试问水柱计哪边水面高？读数是多少？

4-2　如图 4-15 所示，某倾斜巷道面积 $S_1 = 5\text{m}^2$，$S_2 = 6\text{m}^2$，两断面垂直高差 50m，通过风量为 $600\text{m}^3/\text{min}$，巷道内空气平均密度为 1.2kg/m^3，断面 1 和断面 2 处的绝对静压分别为 760mmHg 与 763mmHg（1mmHg = 133.322Pa）。求该段巷道的通风阻力。

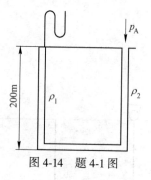

图 4-14　题 4-1 图

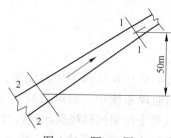

图 4-15　题 4-2 图

4-3　某矿井深 150m，用图 4-16 压入式通风。已知风硐与地表的静压差为 1500Pa，入风井空气的平均密度为 1.25kg/m^3，出风井为 1.2kg/m^3，风硐中平均风速为 8m/s，出风口的风速为 4m/s，求矿井通风阻力。

4-4　某矿井深 200m，用图 4-17 所示抽出式通风。已知风硐与地表的静压差为 2200Pa，入风井空气的平均密度为 1.25kg/m^3，出风井为 1.2kg/m^3，风硐中平均风速为 8m/s，扇风机扩散器的平均风速为 6m/s，空气密度为 1.25kg/m^3，求矿井通风阻力。

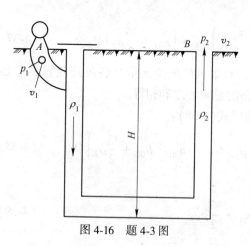

图 4-16　题 4-3 图

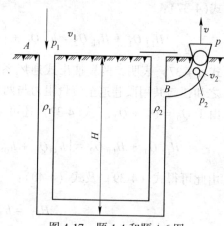

图 4-17　题 4-4 和题 4-6 图

4-5　如图 4-18，U 形管内装水，已知风速 $v_1 = 15\text{m/s}$，$v_2 = 4\text{m/s}$，空气密度 $\rho_1 = \rho_2 = 1.2\text{kg/m}^3$。问左侧 U 形管的水面如何变化？其差值为多少？

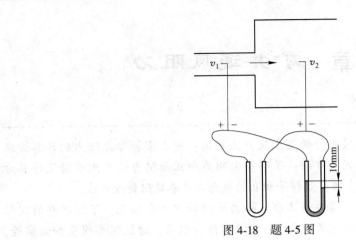

图 4-18　题 4-5 图

4-6　见图 4-17，当出风井口的风速没有改变，主扇风机安在井下，其压差是否会减少？为什么？

第5章 矿井通风阻力

【教学要求】 掌握井巷通风阻力的类型及产生原因；重点掌握摩擦阻力的计算方法及影响因素；了解摩擦阻力的测定方法；了解局部阻力和正面阻力的产生原因及计算方法；知道降低井巷通风阻力的方法；了解等积孔的概念及井巷风阻特性曲线。

【学习方法】 学习本章内容需要与工程流体力学的知识结合起来；了解矿井的实际情况以加深理解；有关概念记忆和理解最好与实验课结合起来，通过观察模型和做实验，进一步了解有关定义的由来；井巷阻力测定与计算实际是第4章知识的应用，通过实验真正掌握能量方程的意义。

5.1 井巷风流的流态及流速分布

空气由于具有黏性，当它沿井巷流动时，就受到井巷对它所呈现的阻力的作用，从而导致风流本身机械能的损失。在矿井通风工程中，空气沿井巷流动时，井巷对风流呈现的阻力，统称为井巷的通风阻力。单位体积风流的能量损失简称为风压损失或风压降，单位为 N/m² 或 Pa。井巷的通风阻力是引起风压损失的原因，故井巷的通风阻力与风压损失在数值上是相等的，但含义有所不同。井巷的通风阻力计算与风流的流速等有关系。下面先从井巷风流的流态讲起。

5.1.1 风流流态

风流具有层流和紊流两种流动状态，在流动过程中，不同流态的速度分布和阻力损失各不相同。

5.1.1.1 井巷和管道流

同一流体在同一管道中流动时，不同的流速，会形成不同的流动状态。当流速很低时，流体质点互不混杂，沿着与管轴平行的方向做层状运动，称为层流（或滞流），矿井极少情况下流态为层流。当流速较大时，流体质点的运动速度在大小和方向上都随时发生变化，成为互相混杂的紊乱流动，称为紊流（或湍流），式（5-1）为流态判定表达式：

$$Re = \frac{vd}{\nu} \tag{5-1}$$

式中　Re——雷诺数；

　　　v——管道中流体的平均速度，m/s；

　　　d——圆形管道的直径，m；

　　　ν——流体的运动黏性系数，与流体的温度、压力有关，对于矿井风流，一般用平均值 $15 \times 10^{-6} \text{m}^2/\text{s}$。

在实际工程计算中，为简便起见，通常以 $Re=2300$ 作为井巷或管道流动流态的判别准数，即层流的 $Re \leqslant 2300$，紊流的 $Re > 2300$。

对于非圆形断面的井巷，雷诺数中的管道直径 d 应以井巷断面的当量直径 d_e 来表示，

$$d_e = 4S/P \tag{5-2}$$

式中 S——井巷断面积，m^2；

P——井巷的周长，m。

因此非圆形巷道风流雷诺数的计算式为式（5-3）：

$$Re = \frac{4vS}{\nu P} \tag{5-3}$$

对于不同形状的井巷断面，其周长 P 与断面积 S 的关系，可用式（5-4）表示

$$P = C\sqrt{S} \tag{5-4}$$

式中 C——断面形状系数：梯形 $C=4.16$，三心拱 $C=3.85$，半圆拱 $C=3.90$。

假设梯形巷道断面面积为 $4m^2$，风流的运动黏性系数取 $\nu = 15 \times 10^{-6} m^2/s$，以临界雷诺数 2300 和巷道等效直径 $d_e = 4S/P$ 代入式（5-1），即得该巷道风流在临界雷诺数时的速度。其中巷道周边长 $P = 4.16\sqrt{S}$，故

$$v = \frac{Re\nu}{d} = \frac{4.16Re\nu}{4\sqrt{S}} = \frac{4.16 \times 2300 \times 15 \times 10^{-6}}{4 \times \sqrt{4}} = 0.018 m/s$$

计算说明，在 $4m^2$ 的巷道里，当风速大于 $0.018m/s$ 时就成为紊流，绝大多数井巷风流的平均流速都大于上述数值，因此井巷中风流几乎都为紊流。

5.1.1.2 孔隙介质流

当空气在采空区、岩石裂隙或充填物中流动时，此时的流动状态多属于层流。在采空区等多孔介质中风流的流态判别准数为：

$$Re = \frac{vK}{l\nu} \tag{5-5}$$

式中 K——冒落带渗流系数；

l——渗流带粗糙度系数。

流态的判定准则为：层流，$Re \leqslant 0.25$；紊流，$Re > 2.5$；过渡流，$2.5 > Re > 0.25$。

5.1.2 井巷断面上风速分布

5.1.2.1 紊流脉动

实际上，风流中各点的流速、压力等物理参数随时间做不规则变化，这种变化称为紊流脉动。

5.1.2.2 时均速度

如图 5-1 所示，瞬时速度 v_x 随时间 t 虽然不断变化，但在一足够长的时间段 T 内，流

速 v_x 总是围绕着某一平均值上下波动,该平均值就称为时均速度。

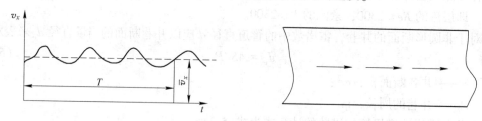

图 5-1　瞬时速度随时间 t 的变化图

5.1.2.3　巷道风速分布

由于空气的黏性和井巷壁面摩擦影响,井巷断面上风速分布是不均匀的,如图 5-2 所示。

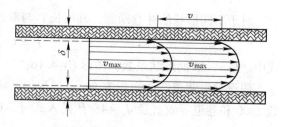

在贴近壁面处仍存在层流运动薄层,称为层流边层,其厚度 δ 随 Re 增加而变薄,它的存在对流动阻力、传热和传质过程有较大影响。

图 5-2　巷道断面速度分布示意图

在层流边层以外,从巷壁向巷道轴心方向,风速逐渐增大,呈抛物线分布,其平均风速为 $v = \dfrac{1}{S}\displaystyle\int_S v_i dS$ 巷道通过风量 $Q = vS$。

断面上平均风速与最大风速的比值称为风速分布系数(速度场系数),用 K_V 表示: $K_V = v/v_{max}$ 巷壁越光滑,K_V 值越大,即断面上风速分布越均匀。一般,砌碹巷道,$K_V = 0.8 \sim 0.86$;木棚支护巷道,$K_V = 0.68 \sim 0.82$;无支护巷道,$K_V = 0.74 \sim 0.81$。

5.2　井巷摩擦风阻与阻力

5.2.1　井巷摩擦阻力

风流在井巷中作沿程流动时,由于流体层间的摩擦及流体与井巷壁面之间的摩擦所形成的阻力称为摩擦阻力(也称沿程阻力)。

由工程流体力学可知,无论层流还是紊流,以风流压能损失来反映的摩擦阻力可用式(5-6)来计算:

$$h_f = \lambda \frac{L}{d} \cdot \rho \frac{v^2}{2} \qquad (5\text{-}6)$$

式中　λ——无因次系数,即达西系数,通过实验求得;

　　　d——圆形风管直径,非圆形管用当量直径。

5.2.1.1　尼古拉兹实验

实际流体在流动过程中,沿程能量损失一方面取决于黏滞力和惯性力的比值,用雷诺数来衡量；另一方面是固体壁面对流体流动的阻碍作用，与管道长度、断面形状及大小、壁面粗糙度有关。其中壁面粗糙度的影响通过 λ 值来反映。

1932～1933 年，尼古拉兹把经过筛分出来粒径为 ε 的砂粒均匀粘贴于管壁。砂粒的直径 ε 就是管壁凸起的高度，称为绝对糙度；绝对糙度 ε 与管道半径 r 的比值 ε/r 称为相对糙度。以水作为流动介质，对相对糙度分别为 1/15、1/30、1/60、1/126、1/256 及 1/507 六种不同的管道进行试验研究，并对实验数据进行分析整理，得出如下结论：

当 $Re<2320$（即 $\lg Re<3.36$）时，λ 与相对糙度 ε/r 无关，只与 Re 有关，且 $\lambda = 64/Re$。

当 $2320 \leqslant Re \leqslant 40000$（即 $3.36 \leqslant \lg Re \leqslant 3.6$）时，在此区间内，$\lambda$ 随 Re 增大而增大，与相对糙度无明显关系。

当管内流体都已处于紊流状态（$Re>4000$），但未达到完全紊流过渡区，当层流边层的厚度 δ 大于管道的绝对糙度 ε（称为水力光滑管）时，λ 与 ε 仍然无关，而只与 Re 有关。

当流速继续增大到紊流过渡区，但未处于完全紊流状态，λ 值既与 Re 有关，也与 ε/r 有关。

当流速增大到完全紊流状态，Re 值较大（$\lg Re>5$），管内流体的层流边层已变得极薄，λ 与 Re 无关，而只与相对糙度有关。此时摩擦阻力与流速平方成正比，称为阻力平方区，其 λ 可用尼古拉兹公式即式(5-7)计算：

$$\lambda = \frac{1}{\left(1.74 + 2\lg \dfrac{r}{\varepsilon}\right)^2} \tag{5-7}$$

5.2.1.2　层流摩擦阻力

当流体在圆形管道中作层流流动时，根据 $h_{\mathrm{f}} = \dfrac{32\mu L}{d^2}v$，$\mu = \rho\nu$ 从理论上可以导出摩擦阻力计算式(5-8)：

$$h_{\mathrm{f}} = \frac{64}{Re}\frac{L}{d}\rho\frac{v^2}{2} \tag{5-8}$$

于是可得圆管层流时的达西系数：

$$\lambda = \frac{64}{Re} \tag{5-9}$$

尼古拉兹实验所得到的层流时 λ 与 Re 的关系，与理论分析得到的关系完全相同，即理论与实验的正确性得到相互的验证。

5.2.1.3　紊流摩擦阻力

对于紊流运动，$\lambda = f(Re，\varepsilon/r)$，关系比较复杂。用当量直径 $d_{\mathrm{e}} = 4S/P$ 代替 d，代入阻力公式，则得到紊流状态下井巷的摩擦阻力计算式为式(5-10)：

$$h_{\mathrm{f}} = \frac{\lambda\rho}{8}\frac{LP}{S}v^2 = \frac{\lambda\rho}{8}\frac{LP}{S^3}Q^2 \tag{5-10}$$

5.2.2　摩擦阻力系数与摩擦风阻

5.2.2.1　摩擦阻力系数

矿井中大多数通风井巷风流的 Re 值已进入阻力平方区，λ 值只与相对粗糙度有关，对于几何尺寸和支护已定型的井巷，相对粗糙度一定，则 λ 可视为定值。对式(5-10)，令：

$$\alpha = \frac{\lambda \rho}{8} \qquad (5-11)$$

式中　α——摩擦阻力系数，$N \cdot s^2/m^4$。

将式 (5-11) 代入式 (5-10)，则紊流状态下井巷的摩擦阻力计算式为 (5-12)：

$$h_f = \alpha \frac{LP}{S^3} Q^2 \qquad (5-12)$$

通过大量实验和实测所得的，在标准状态下（$\rho_0 = 1.2 kg/m^3$）的井巷的摩擦阻力系数 α_0 即为标准值，当井巷中空气密度 $\rho \neq 1.2 kg/m^3$ 时，其 α 值应按式(5-13) 修正：

$$\alpha = \alpha_0 \rho / 1.2 \qquad (5-13)$$

5.2.2.2　摩擦风阻

对于已给定的井巷，L、P、S 都为已知数，故可把式(5-12) 中的 α、L、P、S 归结为一个参数 R_f：

$$R_f = \alpha \frac{LP}{S^3} \qquad (5-14)$$

式中　R_f——巷道的摩擦风阻，$N \cdot s^2/m^8$。

$R_f = f(\rho, \varepsilon, S, P, L)$。在正常条件下，当某一段井巷中的空气密度 ρ 变化不大时，可将 R_f 看作是反映井巷几何特征的参数。于是得到紊流状态下井巷的摩擦阻力计算式 (5-15) 为：

$$h_f = R_f Q^2 \qquad (5-15)$$

式 (5-15) 就是井巷风流进入完全紊流（阻力平方区）下的摩擦阻力定律。

5.2.3　井巷摩擦阻力计算方法

井巷摩擦阻力的计算分两种情况，对于新建矿井，可以依据巷道的通风特性查表得 α_0，计算 α 修正值，再计算风阻 R_f，最后算得巷道的摩擦阻力 h_f，即采用 $\alpha_0 \rightarrow \alpha \rightarrow R_f \rightarrow h_f$ 计算方法；对于生产矿井，测得井巷摩擦阻力 h_f 和井巷的风量 Q 后，可以根据公式计算出 R_f、α 及 α_0，即采用 $h_f \rightarrow R_f \rightarrow \alpha \rightarrow \alpha_0$ 计算方法。

5.2.4　生产矿井巷道阻力测定

5.2.4.1　压差计法

用压差计法测定井巷通风阻力的实质是测量风流两点间的势能差和动压差后，计算出两测点间的通风阻力。

$$h_{\mathrm{R}} \approx (p_1 - p_2) + \left(\frac{v_1^2}{2}\rho_1 - \frac{v_2^2}{2}\rho_2\right) + (g\rho_{\mathrm{m}1}z_1 - g\rho_{\mathrm{m}2}z_2) \tag{5-16}$$

式（5-16）中，$\left(\dfrac{v_1^2}{2}\rho_1 - \dfrac{v_2^2}{2}\rho_2\right)$ 为动压差，通过测定断面1和断面2的风速、大气压、干湿球温度，即可计算出它们的值。$(p_1 - p_2)$ 与 $(g\rho_{\mathrm{m}1}z_1 - g\rho_{\mathrm{m}2}z_2)$ 之和称为势能差，需通过实际测定。

A 布置方式及连接方法

用压差计法测定井巷通风阻力的布置方式及连接方法如图5-3所示。

B 阻力计算

压差计"+"极感受的压力：$p_1 + \rho_{\mathrm{m}1}g(z_1 + z_2)$；
压差计"−"极感受的压力：$p_2 + \rho_{\mathrm{m}2}gz_2$。

故压差计所示测值为式（5-17）：

$$h = p_1 + \rho_{\mathrm{m}1}g(z_1 + z_2) - (p_2 + \rho_{\mathrm{m}2}gz_2) \tag{5-17}$$

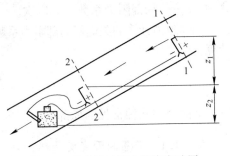

图5-3 井巷通风阻力测定方法图

设 $\rho_{\mathrm{m}1}(z_1 + z_2) - \rho_{\mathrm{m}2}z_2 = \rho_{\mathrm{m}}z_{12}$ 且与断面1与断面2之间的巷道中空气平均密度相等，则：

$$h = (p_1 - p_2) + z_{12}\rho_{\mathrm{m}}g \tag{5-18}$$

式中 z_{12}——断面1与断面2之间的高差，m；
h——断面1与断面2的压能与位能和的差值。

根据能量方程，则巷道1与巷道2之间的通风阻力 $h_{\mathrm{R}12}$ 为：

$$h_{\mathrm{R}12} = h + \frac{\rho_1}{2}v_1^2 - \frac{\rho_2}{2}v_2^2 \tag{5-19}$$

5.2.4.2 气压计法

依据能量方程：

$$h_{\mathrm{R}12} = (p_1 - p_2) + \left(\frac{\rho_1}{2}v_1^2 - \frac{\rho_2}{2}v_2^2\right) + \rho_{\mathrm{m}12}gz_{12} \tag{5-20}$$

用精密气压计分别测得断面1和断面2的静压 p_1、p_2；用湿球温度计测得 t_1、t_2 和 φ_1、φ_2，进而计算 ρ_1、ρ_2；用风表测定断面1和断面2的风速 v_1、v_2。$\rho_{\mathrm{m}12}$ 为断面1到断面2之间的平均密度，若高度差不大，则用算术平均值；若高度大，则用加权平均值。z_{12} 为断面1到断面2之间的高差，可从采掘工程平面图各点的标高查得。

5.3 井巷局部风阻与正面阻力

由于井巷断面变化、方向变化以及分岔或汇合等原因，使均匀流动在局部地区受到影响而破坏，从而引起风流速度场分布变化和产生涡流等，造成风流的能量损失，这种阻力称为局部阻力。由于局部阻力所产生风流速度场分布的变化比较复杂，对局部阻力的计算一般采用经验公式。

5.3.1　局部阻力

与摩擦阻力类似，局部阻力 h_j 一般也用动压的倍数来表示：

$$h_\mathrm{j} = \xi \frac{\rho}{2} v^2 \tag{5-21}$$

式中　ξ——局部阻力系数，无因次。

局部阻力计算的关键是局部阻力系数的确定，因 $v = Q/S$，当 ξ 确定后，便可用式(5-22)计算：

$$h = \xi \frac{\rho}{2S^2} Q^2 \tag{5-22}$$

下面介绍几种常见的局部阻力产生的类型。

5.3.1.1　井巷断面突变局部阻力

紊流通过井巷断面突变的部分时，由于惯性作用，出现主流与边壁脱离的现象，在主流与边壁之间形成涡漩区（见图5-4），从而增加能量损失。

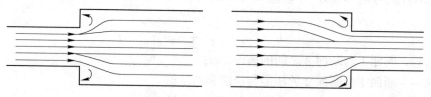

图 5-4　巷道断面突变

5.3.1.2　井巷断面渐变的局部阻力

如图 5-5 所示，井巷断面渐变的局部阻力主要是由于沿流动方向出现减速增压现象，在边壁附近产生涡漩。因为压差的作用方向与流动方向相反，使边壁附近本来就小的流速趋于 0，导致这些地方的主流与边壁面脱离，出现与主流相反的流动，即面涡漩，从而形成局部阻力。

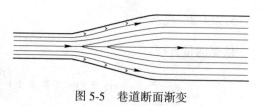

图 5-5　巷道断面渐变

5.3.1.3　井巷断面转弯处局部阻力

流体质点在转弯处受到离心力作用，在外侧减速增压，出现涡漩，从而形成局部阻力，如图5-6所示。

5.3.1.4　井巷分岔与会合的局部阻力

如图 5-7 所示，在一条井巷的风流突然分成两股风流，会产生局部阻力损失。同样，两股风流突然汇合成一股风流，也会产生局部阻力损失。

综上所述，局部阻力的产生主要是与涡漩区有关，涡漩区越大，能量损失越多，局部阻力越大。

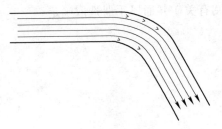

图 5-6 巷道断面转弯

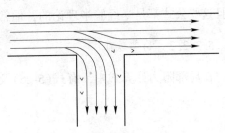

图 5-7 巷道断面分岔与汇合

5.3.2 局部阻力系数和局部风阻

5.3.2.1 局部阻力系数

紊流局部阻力系数 ξ 一般取决于局部阻力物的形状，其次为边壁的粗糙程度。

（1）突然扩大其阻力为式（5-23）和式（5-24）：

$$h_j = \left(1 - \frac{S_1}{S_2}\right)^2 \frac{\rho v_1^2}{2} = \xi_1 \frac{\rho}{2S_1^2} Q^2 \tag{5-23}$$

$$h_j = \left(\frac{S_2}{S_1} - 1\right)^2 \frac{\rho v_2^2}{2} = \xi_2 \frac{\rho}{2S_2^2} Q^2 \tag{5-24}$$

式中　v_1，v_2——小断面和大断面的平均流速，m/s；

　　　S_1，S_2——小断面和大断面的面积，m²；

　　　ρ——空气平均密度，kg/m³。

对于粗糙度较大的井巷，紊流局部阻力系数 ξ 需要用式（5-25）进行修正

$$\xi' = \xi\left(1 + \frac{\alpha}{0.01}\right) \tag{5-25}$$

（2）突然缩小：对应于小断面的动压，ξ 值可按式（5-26）计算：

$$\xi = 0.5\left(1 - \frac{S_2}{S_1}\right)$$

$$\xi' = \xi\left(1 + \frac{\alpha}{0.013}\right) \tag{5-26}$$

（3）逐渐扩大：逐渐扩大的局部阻力比突然扩大的局部阻力小得多，其能量损失可认为由摩擦损失和扩张损失两部分组成。

当 $\theta < 20°$ 时，渐扩段的局部阻力系数 ξ 可用式（5-27）求算：

$$\xi = \frac{\alpha}{\rho\sin\frac{\theta}{2}}\left(1 - \frac{1}{n^2}\right)\sin\theta\left(1 - \frac{1}{n}\right)^2 \tag{5-27}$$

式中　α——巷道的摩擦阻力系数，N·s²/m⁴；

　　　n——巷道大、小断面积之比，即 S_2/S_1；

　　　θ——扩张角，(°)。

（4）转弯和分叉与汇合：有关风流转弯和分叉与汇合的局部阻力系数计算比较复杂，而且这些公式都是半经验半理论的，通常通过查阅有关矿井通风手册选取确定。

5.3.2.2　局部风阻

在局部阻力计算式中，有式（5-26）及式（5-27）：

$$\xi \frac{\rho}{2S^2} = R_j \tag{5-28}$$

$$h_j = R_j Q^2 \tag{5-29}$$

式中　　R_j——局部风阻，$N \cdot s^2/m^8$。

式（5-29）表明，在紊流条件下局部阻力也与风量的平方成正比。

5.3.3　正面阻力

若风流中存在物体，则空气流动时，必然使风速突然重新分布，造成风流分子间的互相冲击而产生的阻力称为正面阻力，由正面阻力所引起的风流能量损失称为正面阻力损失。

矿内产生正面阻力的物体有处于通风井巷内的罐笼、罐道梁、矿车、电机车、坑木堆以及其他器材设备和堆积物。这些对风流产生正面阻力的物体，称为正面阻力物。尽管正面阻力物的形式多种多样，但其产生正面阻力、引起正面损失的本质原因却是相同的：当风流从正面阻力物的周围绕过时，风流速度的方向和大小发生急剧的改变，导致空气微团相互间的激烈冲击和附加摩擦，形成紊乱的涡流现象，从而造成风流能量的损失。正面阻力的计算公式为式（5-30）：

$$h_c = C \frac{S_m}{S - S_m} \times \frac{\rho v_m^2}{2} \tag{5-30}$$

式中　　S_m——正面阻力物在垂直于风流总方向上的投影面积，m^2；

　　　　C——正面阻力系数，无因次；

　　　　S——井巷断面面积，m^2；

　　　　v_m——风流通过空余断面（$S-S_m$）时的平均风速，m/s；

　　　　ρ——风流（空气）的密度，kg/m^3。

因　　　　　　　　　　　　　$v_m = \dfrac{Q}{S - S_m}$

故　　　　　　　　　　　$h_c = \dfrac{\rho C S_m}{2\,(S - S_m)^3} Q^2 \tag{5-31}$

由于在具体条件下，C、S、S_m、ρ 均为常数，故可令：

$$R_c = \frac{\rho C S_m}{2\,(S - S_m)^3} \tag{5-32}$$

式中　　R_c——正面风阻，$N \cdot s^2/m^8$。

将式（5-32）代入式（5-31），得

$$h_c = R_c Q^2 \tag{5-33}$$

此式表明：正面阻力等于正面风阻与风量平方的乘积。

上述式(5-31)和式(5-33)均可用来计算正面阻力，而式(5-32)可用来计算正面风阻，关键在于如何确定正面阻力系数 C 的数值。到目前为止，尚不可能从理论上确定正面阻力系数，实际上都是用实际测定或模型实验方法来确实正面阻力系数的值。在矿山通风井巷中，实际测定正面阻力物其正面阻力系数的方法、步骤、使用仪表，基本上与测定局部阻力系数的相同，这里不再叙述。

通过以上分析可以看出：井巷的摩擦阻力、局部阻力和正面阻力的计算公式具有相似的形式，每种阻力都是等于各自的风阻与风量平方的乘积。因此，可用通式(5-34)来表示：

$$h = RQ^2 \tag{5-34}$$

式(5-34)就是矿井通风阻力定律的数学表达式。它表明，井巷的通风阻力等于井巷的风阻与流过该井巷风量平方的乘积。

根据式(5-34)可知：当通过井巷的风量保持恒定时，井巷通风阻力与井巷风阻成正比，即井巷的风阻越大，其通风阻力越大，这意味着井巷通风较困难；井巷的风阻越小，其通风阻力越小，这意味着井巷通风较容易。因此，井巷风阻是反映井巷通风难易程度的一个重要指标。

如果同一井巷中既有摩擦阻力，又有局部阻力和正面阻力，则该井巷的总通风阻力就等于井巷所有的摩擦阻力、局部阻力与正面阻力之和，即式(5-35)：

$$h = \sum h_f + \sum h_j + \sum h_c \tag{5-35}$$

式(5-35)就是通风阻力叠加原则的数学表达式。

5.3.4 降低井巷通风阻力的方法

当一定数量的空气沿矿山井巷流动时，为使风流能量的损失最少，节约通风电能的消耗，就必须根据矿山具体情况，采取有效措施，降低矿山井巷的通风阻力。

5.3.4.1 降低摩擦阻力的方法

(1) 当通过井巷的风量不变时，由于井巷的摩擦阻力与井巷的摩擦风阻成正比，而井巷的摩擦风阻与井巷的断面积三次方成反比，所以增大井巷的断面积，可以大大降低井巷的摩擦阻力。

(2) 由于井巷的摩擦阻力与井巷长度成正比，所以应尽量缩短井下风流的路线，以减小通风阻力，若条件允许采用分区通风效果更好。

(3) 由于井巷的摩擦阻力与井巷断面的周界长度成正比，所以在断面积相等而断面形状不同的各种井巷中，以圆形或拱形为井巷断面的其摩擦风阻最小，因此，井巷的断面应尽量采用圆形或拱形。

(4) 由于井巷的摩擦阻力与井巷的摩擦阻力系数成正比，所以保证壁面光滑以及支架排列整齐可降低井巷的通风阻力。

(5) 当井巷情况 (L, P, S, α) 不变时，由于摩擦阻力与风流平均速度的平方成正比，所以主要通风井巷的风速不宜过大，也就是说，主要通风井巷的断面积不能太小。

5.3.4.2 降低局部阻力和正面阻力的方法

（1）尽量避免井巷的突然扩大与突然缩小，将断面大小不同巷道的连接处做成逐渐扩大或逐渐缩小的形状。

（2）当风速不变时，由于局部阻力与局部阻力系数成正比，所以在风速较大的井巷局部区段上，要采取有效措施减小其局部阻力系数，例如在专用回风井与主扇风硐相连接处设置引导风流的导风板。

（3）要尽量避免井巷直角拐弯，拐弯处内外两侧要尽量做成圆弧形，且圆弧的曲率半径应尽量放大。

（4）将永久性的正面阻力物做成流线型，要注意清除井巷内的堆积物，在风速较大的主要通风井巷内尤其重要。

5.4 井巷通风阻力定律

在完全紊流流动的状态下，风流的三种阻力（摩擦阻力、局部阻力、正面阻力）均符合关系式(5-36)：

$$h_m = R_m Q^2 \tag{5-36}$$

所不同的只是三种风阻的关系式。由上式可知，完全紊流状态下的通风阻力就是表示通风阻力和风量平方的依存关系。如果某井巷同时具备三种阻力时，则上式中的 h_m 和 R_m 就分别代表该井巷的通风总阻力和总风阻。在层流状态下，通风阻力定律则不能用上式表示。

在层流状态下，摩擦阻力和风量成正比。由此可知，在层流运动状态下的通风阻力定律，就是表示通风阻力和风量的依存关系，即 $h_m = R_m Q$。

在中间运动状态下的通风阻力定律，则是表示通风阻力和风量 x 次方的依存关系，x 指数大于1而小于2，即 $h_m = R_m Q^x$。

对于井下个别风速小、呈层流运动状态的风流，须使用层流运动状态的通风阻力定律；对于呈中间运动状态的风流，须用中间运动状态下的通风阻力定律。

5.5 矿井总风阻与矿井等积孔

5.5.1 井巷阻力特性

在紊流条件下，$h = RQ^2$。对于特定井巷，R 为定值。用纵坐标表示通风阻力（或压力），横坐标表示通过风量，当风阻为 R 时，则每一风量 Q_i 值，便有一通风阻力 h_i 值与之对应，根据坐标点 (Q_i, h_i) 即可画出一条抛物线，如图5-8所示。这条曲线就叫该井巷的风阻特性曲线。风阻 R 越大，曲线越陡。

5.5.2 矿井总风阻

从入风井口到主要通风机入口，把顺序连接的各段井巷的通风阻力累加起来，就得到

矿井通风总阻力 h_m，这就是井巷通风阻力的叠加原则。已知矿井通风总阻力 h_m 和矿井总风量 Q，即可求得矿井总风阻：

$$R_m = \frac{h_m}{Q^2} \qquad (5\text{-}37)$$

R_m 是反映矿井通风难易程度的一个指标，R_m 越大，矿井通风越困难。也可以理解为全矿的等效风阻。

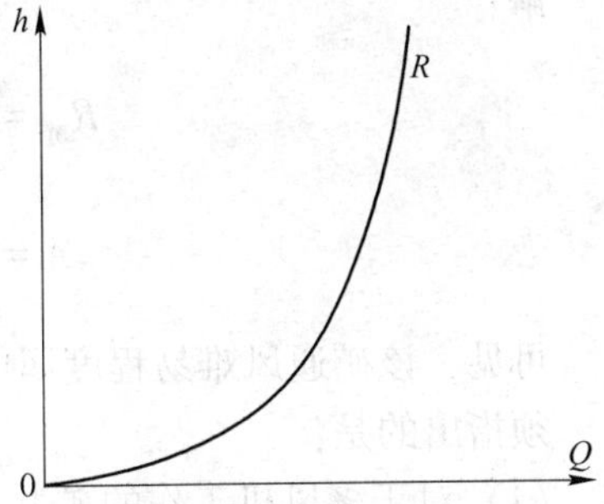

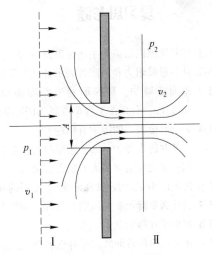

图 5-8 风阻特性曲线图

5.5.3 矿井等积孔

我国常用矿井等积孔作为衡量矿井通风难易程度的指标。假定在无限空间有一薄壁，在薄壁上开一面积为 A 的孔口。当孔口通过的风量等于矿井风量，而且孔口两侧的风压差等于矿井通风阻力时，则孔口面积 A 称为该矿井的等积孔。

如图 5-9 所示，设风流从 I 流至 II，且无能量损失，列出能量方程式 (5-38)：

$$p_1 + \frac{\rho}{2}v_1^2 = p_2 + \frac{\rho}{2}v_2^2 \qquad (5\text{-}38)$$

一般，$v_1 \approx 0$，化简式 (5-38) 得式 (5-39)：

$$p_1 - p_2 = \frac{\rho}{2}v_2^2 = h_m \qquad (5\text{-}39)$$

$$v_2 = \sqrt{\frac{2h_m}{\rho}} \qquad (5\text{-}40)$$

风流收缩处断面面积 A_2 与孔口面积 A 之比称为收缩系数 φ，由工程流体力学可知，一般 $\varphi = 0.65$，故 $A_2 = 0.65A$。则 $v_2 = Q/A_2 = Q/0.65A$，代入式 (5-40) 后并整理得：

图 5-9 矿井等积孔图

$$A = \frac{Q}{0.65\sqrt{\dfrac{2h_m}{\rho}}} \qquad (5\text{-}41)$$

取 $\rho = 1.2\text{kg/m}^3$，则：

$$A = \frac{Q}{\sqrt{h_m}} \qquad (5\text{-}42)$$

因 $R_m = h_m/Q^2$，故有式 (5-43)：

$$A = \frac{1.19}{\sqrt{R_m}} \qquad (5\text{-}43)$$

由此可见，A 是 R_m 的函数，故可以表示矿井通风的难易程度。对于中小矿山，过去认为当 $A>2$，矿井通风容易；$A=1\sim2$，矿井通风中等；$A<1$ 矿井通风困难。

[例] 某矿井为中央式通风系统，测得矿井通风总阻力 $h_m=2800\text{Pa}$，矿井总风量 $Q=70\text{m}^3/\text{s}$，求矿井总风阻 R_m 和等积孔 A，评价其通风难易程度。

解：

$$R_{\mathrm{m}} = \frac{h_{\mathrm{m}}}{Q^2} = \frac{2800}{70^2} = 0.571 \mathrm{N} \cdot \mathrm{s}^2/\mathrm{m}^8$$

$$A = \frac{1.19}{\sqrt{R_{\mathrm{m}}}} = 1.09/\sqrt{0.571} = 1.57 \mathrm{m}^2$$

可见，该矿通风难易程度属中等。

须指出的是：

（1）对于多风机工作的矿井，应根据各主要通风机工作系统的通风阻力和风量，分别计算各主要通风机所担负系统的等积孔，进行分析评价。

（2）所列衡量矿井通风难易程度的等积孔值仅供参考，对小型矿井有一定的实际意义，对大型矿井或多风机通风系统的矿井不一定适用。

 复习思考题

5-1 矿井风流以层流为主还是以紊流为主？为什么？

5-2 井巷通风阻力和风阻各表示什么？单位是什么？

5-3 由测定得知，某梯形巷道断面面积为 $5\mathrm{m}^2$，长为 500m，当通过的风量为 $25\mathrm{m}^3/\mathrm{s}$ 时，压差为 36.75Pa，分别按工程单位制和国际单位制，求算该巷道的摩擦阻力系数。

5-4 影响摩擦阻力的因素有哪些？

5-5 假若井筒直径 $D=4\mathrm{m}$，摩擦阻力系数 $\alpha=0.04\mathrm{N}\cdot\mathrm{s}^2/\mathrm{m}^4$，深度 $L=325\mathrm{m}$，通过的风量为 $3000\mathrm{m}^3/\mathrm{min}$。问井筒的风阻有多大？阻力有多大？

5-6 风流以 4m/s 的速度从断面为 $10\mathrm{m}^2$ 的巷道突然进入断面为 $4\mathrm{m}^2$ 巷道，问引起的能量损失为多少？

5-7 为什么要降低矿井风阻？有什么方法？

5-8 何谓矿井等积孔？

5-9 矿井风阻特性曲线表示什么？作出风阻为 $1.962\mathrm{N}\cdot\mathrm{s}^2/\mathrm{m}^8$ 的风阻特性曲线图。

5-10 降低局部阻力有哪些途径？

第6章 矿井通风动力

【教学要求】 掌握自然通风产生的原因及其影响因素；了解自然压差的计算及测定方法；学会利用和控制矿井的自然通风；重点掌握扇风机的类型、构造及工作原理；了解扇风机的个体特性曲线；掌握扇风机工况点的合理工作范围及调节方法；了解扇风机的联合作业。

【学习方法】 学习本章内容需要将前面学到的矿井空气测定方法和仪器运用到测定自然风压的实践中。学习时需要与实验课结合起来，通过参观实验室不同类型风机的结构构造，并开展扇风机个体特性的测定实验，深入了解扇风机及其应用；另外，可以查阅一些厂家生产的扇风机产品目录和提供的个体特性曲线及其风量、压力、转速等参数的范围，当看到风机的型号时，就可以估计其工作参数的范围。

6.1 矿井自然风压

欲使空气在矿井中源源不断地流动，就必须克服空气沿井巷流动时所受到的阻力。这种克服通风阻力的能量或压力叫通风动力。这种能量差或压力差的产生，若是由扇风机造成的，则为机械风压；若是矿井自然条件产生的，则为自然风压。机械风压和自然风压均是矿井通风的动力，用以克服矿井的通风阻力，促使空气流动。

6.1.1 自然风压的产生

自然风压是矿井中客观存在的一种自然现象，其作用有时对矿井通风有利，有时却相反。我国一些山区平硐开拓的矿井，冬季自然通风的作用有的基本可以代替主扇工作。这表明，自然风压在矿井通风中是一种不可忽视的重要动力。现在人们一般认为，风流流动所发生的热交换等因素使矿井进、出风侧（或进、出风井筒）产生温度差而导致其平均空气密度不等，使两侧空气柱底部压力不等，其压差就是自然风压。因此提出了：有高差的回路是产生自然风压的必要条件；有高差井巷的空气平均密度不等是产生自然风压的充分条件。这种以自然风压的伴随现象或计算手段来解释自然风压的问题，在分析自然风压对风流状态的影响方面有时存在着难以克服的困难。实际上，自然风压是井上、井下多种自然因素造成的促使空气沿井巷流动的一种能量差，这种能量差存在于包括平巷在内的所有井巷中。

6.1.2 自然风压的计算

图 6-1 为一个简化的矿井通风系统，2-3 为水平巷道，0-5 为通过系统最高点的水平线。如果把地表大气视为断面无限大、风阻为零的假想风路，则通风系统可视为一个闭合的回路。在冬季，由于空气柱 0-1-2 比 5-4-3 的平均温度较低，平均空气密度较大，导致

两空气柱作用在 2-3 水平面上的重力不等。其重力之差就是该系统的自然风压。它使空气源源不断地从井口 1 流入，从井口 5 流出。在夏季时，若空气柱 5-4-3 比 0-1-2 温度低，平均密度大，则系统产生的自然风压方向与冬季相反。地面空气从井口 5 流入，从井口 1 流出。由于地面空气的温度随四季而变，进入地下后与各种热源进行热交换，使井下各段的空气重率或密度不断发生变化，造成进风与回风两边空气柱的重力不平衡，因而产生能量差，推动风流沿井巷流动，这种由自然因素作用而形成的通风称为自然通风。

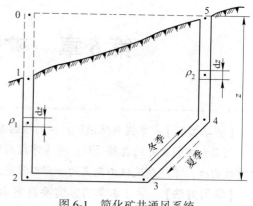

图 6-1　简化矿井通风系统

由上述例子可见，在一个有高差的闭合回路中，只要两侧有高差巷道中空气的温度或密度不等，则该回路就会产生自然风压。根据自然风压定义，图 6-1 所示系统的自然风压 H_n 可用式(6-1)计算：

$$H_n = zg(\rho_1 - \rho_2) \tag{6-1}$$

式中　z——矿井最高点至最低点（水平）间的距离，m；

ρ_1，ρ_2——分别为 0-1-2 和 5-4-3 井巷中空气密度的平均值，kg/m^3。

由此可见影响自然风压的因素有以下几个方面：

（1）矿井进风和出风两侧空气柱的高度和平均密度是矿井自然风压的两项影响因素，而空气柱的平均密度主要决定于空气的温度。因此，对于进、出风口高差大的一般矿井，由于进风侧空气柱的平均密度 ρ_1 随着地面四季气温的变化而变化，出风侧空气柱的平均密度 ρ_2 常年基本不变，致使矿井的自然风压发生季节性变化。

（2）空气成分和湿度影响空气的密度，因而对自然风压也有一定影响，但影响较小。

（3）井深。由式(6-1)可见，当两侧空气柱温差一定时，自然风压与矿井或回路最高与最低点（水平）间的高差 z 成正比。

（4）主要通风机工作对自然风压的大小和方向也有一定影响。有时甚至会干扰通风系统改变后的正常通风工作，这在建井时期表现尤其明显。

6.1.3　自然风压的测定

6.1.3.1　直接测定法

若井下有扇风机，先停止扇风机的运转，在总风流流过的巷道中任意适当的地点建立临时风墙，隔断风流后，立即用压差计测出风墙两侧的风压差，此值就是自然风压。如果矿井还有其他水平，则应同时将其他所有水平的自然风流用风墙隔断。可见，这个方法在多水平矿井并不简便。

在有主扇通风的矿井，测定全矿自然风压的方法是：首先停止主扇风机的运转，立即将风硐内的闸板放下，隔断自然风流，这时接入风硐内闸板前的压差计的读数就是全矿的自然风压。

6.1.3.2 间接测定法

在有主扇通风的矿井：首先，当主扇运转时，测出其总风量 Q 及主扇的有效静压 H_s，则可列出能量方程式(6-2)：

$$H_s + H_n = RQ^2 \tag{6-2}$$

然后，停止主扇运转，当仍有自然风流流过全矿时，立即在风硐或其他总风流中测出自然通风量 Q_n，则可列出方程式(6-3)：

$$H_n = RQ_n^2 \tag{6-3}$$

联立解式(6-2)与式(6-3)，可得自然风压 H_n 和全矿风阻 R。

同理，将主扇转数改变，或者用闸板调整一下风硐的过风面积，使主扇工况改变，测出其参数，列出其他形式的式(6-3)，与式(6-2) 联立求解，亦可得自然风压。

在矿井通风设计、日常通风管理和通风系统调整中，为了确切地考虑自然风压的影响，必须对自然风压进行定量分析，为此需要掌握自然风压的测算方法。

6.1.3.3 平均密度测算法

自然风压可根据式(6-1)进行测算。为了测定通风系统的自然风压，以最低水平为基准面（线），将通风系统分为两个高度均为 z 的空气柱，一个称之内空气柱的平均密度，应在密度变化较大的地方，如井口、井底、倾斜巷道的上下端及风温变化较大和变坡的地方布置测点，并在较短的时间内测出各点风流的绝对静压力 p，干湿球温度 t_d 和 t_w，相对湿度 φ。两测点间高差不宜超过 100m（50m 为宜）。若各测点间高差相等，可用算术平均法求各点密度的平均值，即：

$$\rho = \frac{1}{n} \sum_{i=1}^{n} \rho_1 \tag{6-4}$$

若高差不等，则按高度加权平均求其平均值，即：

$$\rho_m = \frac{1}{z} \sum_{i=1}^{n} z_i \rho_i \tag{6-5}$$

式中 ρ_i ——i 测段的平均空气密度，kg/m³；

z_i ——i 测段高差，m；

z ——总高差，m；

n ——测段数。

此方法一般配合矿井通风阻力测定进行，也是目前普遍使用的方法。

[**例**] 如图 6-2 所示的通风系统，在利用气压计法测定该系统通风阻力的同时，测得了图中各测点的空气密度见表 6-1，求此系统自然风压 H_n。

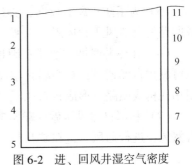

图 6-2 进、回风井湿空气密度测点布置实例

表 6-1 某通风系统不同标高处空气密度测算结果

测 点	1	2	3	4	5	6	7	8	9	10	11
标高/m	+25	-60	-150	-220	-300	-300	-250	-200	-130	-90	+25
密度/kg·m⁻³	1.215	1.229	1.243	1.275	1.299	1.287	2.246	1.231	1.201	1.199	1.177

解：根据式(6-5)，计算进、回风侧平均空气密度 ρ_{m1-5}、ρ_{m6-11}

$$\rho_{m1-5} = \frac{1}{z}\sum_{i=1}^{5}z_i\rho_i = \frac{1}{325}\left(85 \times \frac{1.215 + 1.229}{2} + 90 \times \frac{1.229 + 1.243}{2} + \right.$$

$$\left. 70 \times \frac{1.243 + 1.229}{2} + 80 \times \frac{1.275 + 1.299}{2}\right) = 1.250\text{kg/m}^3$$

同理求得 $\rho_{m6-11} = 1.213\text{kg/m}^3$。

由式(6-1) 计算出该系统的自然风压 H_n

$$H_n = gz(\rho_{m1-5} - \rho_{m6-11}) = 9.8 \times 325(1.250 - 1.213) = 117.8\text{Pa}$$

若专门考察矿井的自然风压而进行的测定，其测定时间应选择在冬季最冷或夏季最热以及春、秋季有代表性的月份。一个回路的测定时间应尽量短，并选择在地面气温变化较小的时间内进行。

6.1.4　自然风压的控制与利用

研究自然风压的控制和利用具有重要意义。在生产过程中，自然风压的控制与利用的措施主要有如下几个方面：

（1）新设计矿井在选择开拓方案，拟定通风系统时，应充分考虑利用地形和当地气候特点，使在全年大部分时间内自然风压作用的方向与机械通风风压的方向一致，以便利用自然风压。例如，在山区要尽量增大进、回风井井口的高差；进风井井口布置在背阳处等。

（2）根据自然风压的变化规律，应适时调整主要通风机的工况点，使其既能满足矿井通风需要，又可节约电能。例如，在冬季自然风压帮助机械通风时，可采用减小风机叶片安装角度或调低转速的方法降低机械风压。

（3）为了控制和利用自然风压，可人工调整进、回风井内空气的温差。有些矿井在进风井巷设置水幕或者淋水，以冷却空气，同时起到净化风流的作用。

（4）在多井口通风的山区，要掌握自然风压的变化规律，防止因自然风压作用造成某些巷道无风或风流反向而发生事故。

（5）为了防止风流反向，必须做好调查研究和现场实测工作，掌握矿井通风系统和各回路的自然风压和风阻，以便在适当的时候采取相应的措施。

（6）在建井时期，要注意因地制宜和因时制宜利用自然风压通风，如在表土施工阶段可利用自然通风；在主副井与风井贯通之后，有时也可利用自然通风；有条件时还可利用钻孔构成回路，形成自然风压，解决局部地区通风问题。

（7）利用自然风压做好非常时期通风。一旦主要通风机因故遭受破坏时，便可利用自然风压进行通风。这在矿井制定事故预防和处理计划时应予以考虑。

6.2　矿井机械通风

矿井通风用的机械称为扇风机（或通风机）。矿用扇风机按其服务范围可分为主要扇风机（用于全矿井或其一翼通风的扇风机，并且昼夜运转，简称主扇）、辅助扇风机（帮助主扇对矿井一翼或一个较大区域克服通风阻力，增加风量和风压的扇风机，简称辅扇）

和局部扇风机（用于矿井下某一局部地点通风用的扇风机，简称局扇）；按其构造原理又可分为离心式与轴流式两大类。

6.2.1　扇风机的构造及工作原理

6.2.1.1　离心式扇风机

A　风机构造

如图 6-3 所示，它主要是由动轮（叶轮）1、螺旋形机壳 5、吸风筒 6 和锥形扩散器 7 组成。有些离心式扇风机还在动轮前面装设具有叶片形状的前导器，其作用是使气流在进入动轮的方向产生扭曲，以调节通风机产生的风压和风量。动轮是由固定在主轴 3 上的轮毂 4 和其上的叶片 2 所组成。

B　工作原理

当电动机经过传动机构带动动轮旋转时，叶道内的空气质点受到叶片的作用，沿叶道动轮外缘运动，并汇集于螺旋状的机壳中，而后由出口 5 排入扩散器。与此同时，由于动轮中气体外流，因而在它的入口处形成负压，吸风筒吸引外界空气进入动轮，这样就形成了连续风流。空气受到惯性力作用离开动轮时获得能量，即动轮把电动机的机械能传递给空气，使空气的压力提高。空气经过动轮以后，压力就不再提高，且压力不断发生转化。作抽出式通风时，因螺旋壳和扩散器的断面逐渐增大，空气的速压不断减少，静压逐渐增大，直至扩散器出口以较小速压流进大气中。

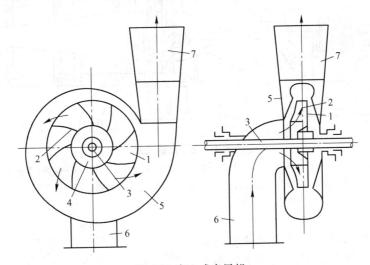

图 6-3　离心式扇风机

1—动轮（叶轮）；2—叶片；3—主轴；4—轮毂；5—螺旋形机壳及出口；6—吸风筒；7—锥形扩散器

C　常用型号

目前我国生产的离心式扇风机较多，如 4-72-11 型、G4-73-11 型、K4-73-01 型等。型号参数的含义以 K4-73-01No32 型为例说明如下：K——矿用；4——效率最高点压力系数的 10 倍，取整数；73——效率最高点比转速，取整数；0——进风口为双面吸入；1——第一次设计；No32——扇风机机号，为叶轮直径，dm。

6.2.1.2　轴流式扇风机

A　风机构造

如图 6-4 所示，轴流式通风机主要由进风口、叶轮、整流器、风筒、扩散（芯筒）器和传动部件等部分组成。

进风口是由集流器与疏流罩构成断面逐渐缩小的进风通道，使进入叶轮的风流均匀，以减小阻力，提高效率。叶轮是由固定在轴上的轮毂和以一定角度安装在上面的叶片组成。叶片的形状为中空梯形，横断面为翼形。沿高度方向可做成扭曲形，以消除和减小径向流动。叶轮的作用是增加空气的全压。叶轮有一级和二级两种。二级叶轮产生风压是一级叶轮产生风压的两倍。

叶片用螺栓固定在轮毂上，横截面和机翼形状相似。在叶片迎风侧作一外切线，称为弦，弦线与动轮旋转方向的夹角，称为叶片安装角，以 θ 表示。θ 角可以根据需要来调整。因扇风机的风压、风量的大小与 θ 角有关，所以工作时可根据需要的风压、风量调节 θ 角的度数。一级动轮的扇风机叶片安装角的调节范围是 $10° \sim 40°$，二级动轮的扇风机叶片安装角的调节范围是 $15° \sim 45°$，可按相邻角度差 $5°$ 或 $2.5°$ 调节，但每个动轮上的角度必须严格保持一致，参看图 6-5。

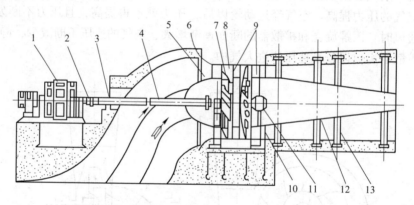

图 6-4　轴流式通风机

1—电动机；2—联轴器；3—前隔板；4—主轴；5—进风口；6—中隔板；7—叶轮；8—主体风筒；
9—整流器；10—后隔板；11—轴承门；12—环形扩散器；13—拉筋板

B　工作原理

在轴流式通风机中，风流流动的特点是，当叶（动）轮转动时，气流沿等半径的圆柱面旋绕流出。用与机轴同心、半径为 R 的圆柱面切割叶（动）轮叶片，并将此切割面展开成平面就得到了由翼剖面排列而成的翼栅。

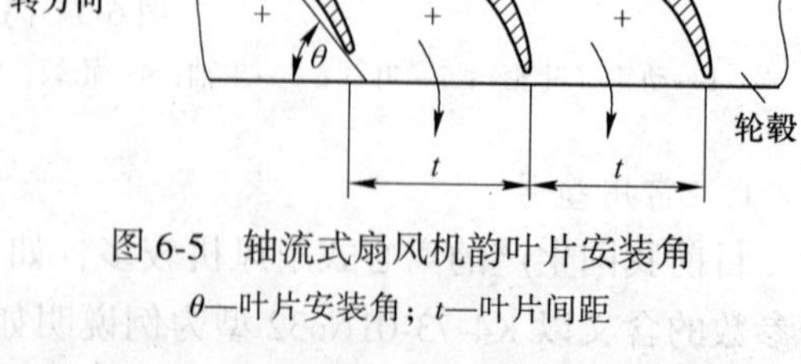

当叶（动）轮旋转时，翼栅即以圆周

图 6-5　轴流式扇风机韵叶片安装角
θ—叶片安装角；t—叶片间距

速度 u 移动。处于叶片迎面的气流受挤压，静压增加，与此同时，叶片背的气体静压降低，翼栅受压差作用，但受轴承限制，不能向前运动，于是叶片迎面的高压气流由叶道出口流出，翼背的低压区"吸引"叶道入口侧的气体流入，形成穿过翼栅的连续气流。

C 常用型号

我国生产的轴流式扇风机有 2K60 型、GAF 型、2K56 型、KZS 型等。型号参数的含义以 2K60—1—No24 型为例说明如下：2——二级叶轮；K——矿用；60——轮毂比的 100倍；1——结构设计序号；No24——扇风机机号，为叶轮直径，dm。

扇风机除主机之外，还有一些附属装置。扇风机的附属装置有反风装置、防爆门、风硐和外扩散器等。目前，我国生产的轴流式主扇都为卧式，安装风机时需要建筑一段风硐与回风井连接，然后主扇安装在风硐中；国外有些风机厂生产的立式轴流式风机，安装时主扇直接立于回风井上，这样可以省去风硐构筑物并且减少该风硐的局部阻力。

6.2.2 主要扇风机附属装置

6.2.2.1 反风装置

反风就是使正常风流反向流动。当进风井筒附近和井底车场发生火灾或瓦斯煤尘爆炸时，会产生大量的一氧化碳和二氧化碳等有害气体，如通风机照常运转，就会将这些有害气体带入采掘工作面，有时为了适应救护工作就得利用主扇的反风装置迅速将风流方向反转过来。我国《冶金矿山安全规程》作了这种规定，要求在 10min 内能把矿井风流方向反转过来，而且要求反风后的风量不小于正常风量的 40%，每年至少进行一次反风演习。

利用反风道反风是一种常用的可靠方法，能满足反风的时间和风量要求。图 6-6 为轴流式主扇抽出式通风时的反风示意图，图 6-6（a）为正常通风时反风门 1 和反风门 2 的位置，主扇由井下吸风，然后排至大气，若将反风门 1 和反风门 2 改变为图 6-6（b）中的位置，风流从大气吸入扇风机内，再经反风道压入井下，使井下风流的方向改变。图6-7 为轴流式主扇压入式通风时的反风示意图。

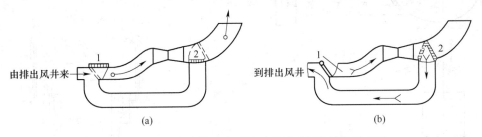

图 6-6 轴流式主扇抽出式通风时利用反风道反风示意图

（a）正常通风时反风门的位置；（b）改变后反风门的位置

离心式主扇的反风情况如图 6-8 所示，正常通风时，反风门 1 和反风门 2 为实线位置。反风时，反风门 1 提起，而将反风门 2 放下，风流自反风门 2 进入主扇，再从反风门1 进入反风道 3，经风井压入井下。

利用扇风机反转的反风方法，只适于轴流式主扇，在反风时，调换电动机电源的两相，可以改变通风机动轮的旋转方向，使井下风流反向。这种反风方法，不需要做反风道，比较经济，但一般的轴流式主扇达不到反风后的风量要求。现今新型轴流式主扇能满足这个要求。因此，今后这种反风方法将为新型轴流式主扇所普遍采用。

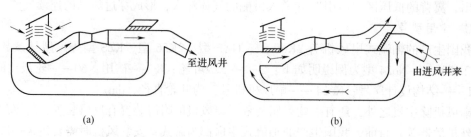

图 6-7　轴流式主扇压入式通风时利用反风道反风示意图

（a）正常通风情况；（b）两扇反风门位置改变后的反风情况

6.2.2.2　防爆门（防爆井盖）

《冶金矿山安全规程》规定：装有主要扇风机的出风井口，应安装防爆门。在斜井井口安设防爆门，在立井井口安设防爆井盖，防爆门不得小于出风井口的断面面积，并正对出风口的风流方向。当井下发生瓦斯爆炸时，爆炸气浪将防爆门掀起，从而起到保护主扇的作用。图 6-9 所示为出风立井井口的钟形防爆门，门 1 用钢板焊接而成，一般在四周用四条钢丝绳绕过滑轮 3，以平衡锤 4 牵住防爆门，其下端放入圈 2 的凹槽中，槽中盛油密封（不结冰地区用水封），以防止漏风，槽深与负压相适应。防爆门（井盖）应设计合理，结构严密、维护良好、动作可靠。

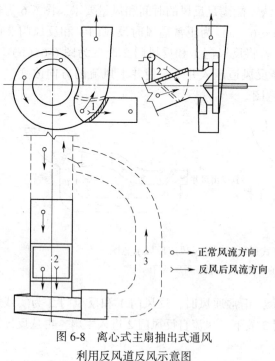

正常风流方向 →

反风后风流方向 ⇢

图 6-8　离心式主扇抽出式通风
利用反风道反风示意图

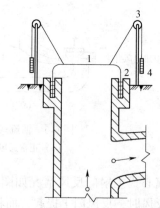

图 6-9　立井井口防爆井盖示意图
1—门；2—圈；3—滑轮；4—平衡锤

6.2.2.3　风硐

风硐是连接风机和井筒的一段巷道。由于其通过风量大、内外压差较大，应尽量降低其风阻，并减少漏风。在风硐的设计和施工中应注意下列问题：断面适当增大，使其风速不大于 10m/s，最大不超过 15m/s；风硐不宜过长，转弯部分要呈圆弧形，内壁光滑，拐弯平缓，并保持无堆积物，以减少其阻力；风硐直线部分要有一定的坡度，以方便流水；风硐及其闸门等装置，结构要严密，以防止大量漏风；风硐内应安设测量风速及风流压力的装置。

6.2.2.4 扩散器

无论是抽出式还是压入式通风，无论是离心式通风机还是轴流式通风机，在风机的出口都外接一定长度、断面逐渐扩大的构筑物——扩散器。其作用是降低出口速压以提高风机静压。小型离心式通风机的扩散器由金属板焊接而成，扩散器的扩散角（敞角）不宜过大，以阻止脱流，一般为 8°~10°；出口处断面与入口处断面之比为 3~4。扩散器四面张角的大小应视风流从叶片出口的绝对速度方向而定。大型的离心式通风机和大中型的轴流式通风机的外接扩散器，一般用砖和混凝土砌筑。

6.2.2.5 消声装置

扇风机在运转时产生噪声，特别是大直径轴流式扇风机的噪声更大；以致影响工业场地和居民区的工作和休息。为了保护环境，需要采取有效措施，把噪声降低到人们感觉正常的程度。我国规定扇风机的噪声不得超过 90dB。

消声装置分为主动式与反射式，前者的作用是吸收声音的能量，后者是把声能反射回声源。扇风机多采用主动式消声装置来降低噪声。消声装置有排式和方格式两种。如图 6-10 所示，将多孔性材料制成的消声板平行间隔地放入风道中，即成排式消声器。若增加水平消声板，即为方格式消声器。对不同频率的噪声消声器，消声效果不同。

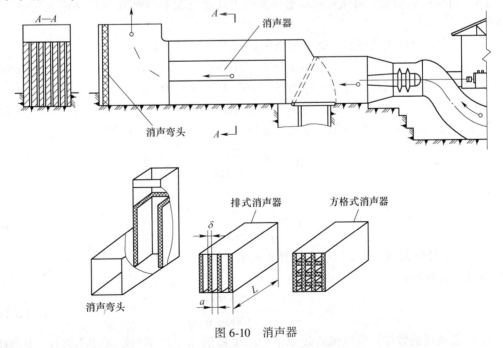

图 6-10　消声器

　　为了更有效地降低高频率的噪声，消声板要有足够的厚度。也可制成空心消声板，以节省材料。另外有些矿井在外扩散器迎风面上贴着消声板，称消声弯头，能降低 5~10dB 的噪声。

6.2.3　扇风机实际特性曲线

6.2.3.1　扇风机的工作参数

　　表示扇风机性能的主要工作参数是扇风机的风压 H、风量 Q、功率 N、效率 η 和转速 n 等。

　　（1）扇风机的（实际）风量：扇风机的实际风量是指单位时间内通过扇风机入口空气的体积，亦称体积流量（无特殊说明时均指在标准状态下），单位为 m^3/s。

　　（2）扇风机（实际）全压与静压：扇风机的全压（H_t）是指扇风机对空气做功时给予每立方米空气的能量，其值为扇风机出口风流的全压与入口风流全压之差，单位为 N/m^2 或 Pa。

　　扇风机的全压 H_t 包括扇风机的静压 H_s 和动压 h_v 两部分，即式（6-6）：

$$H_t = H_s + h_v \tag{6-6}$$

　　扇风机的动压 h_v 用于克服风流在扇风机扩散器出口断面的局部阻力。对于抽出式通风矿井，风流从扩散器出口断面直接进到了地表大气，这种突然扩散到大气中的局部阻力系数 $\xi=1$，所以 h_v 就是扇风机扩散器出口断面的动压；对于压入式通风矿井，风流从扩散器出口断面直接进到了风硐。参照抽出式通风矿井 h_v 的计算方法，压入式通风矿井扇风机动压 h_v 也用扇风机扩散器出口断面的动压来计算。总之，无论是抽出式还是压入式通风的矿井，扇风机的动压 h_v 就是扇风机扩散器出口断面的动压。

　　（3）扇风机的功率：扇风机的功率分为输出功率（又称空气功率）和输入功率（又称轴功率）。

　　输出功率以扇风机全压计算时称为全压功率 N_t，单位为 kW。

$$N_t = H_t Q/1000 \tag{6-7}$$

　　输出功率用扇风机静压计算时称为静压功率 N_s，单位为 kW。

$$N_s = H_s Q/1000 \tag{6-8}$$

　　因此，扇风机的轴功率可用全压功率或静压功率计算，单位为 kW。

$$N = \frac{N_t}{\eta_t} = \frac{H_t Q}{1000\eta_t} \tag{6-9}$$

或

$$N = \frac{N_s}{\eta_s} = \frac{H_s Q}{1000\eta_s} \tag{6-10}$$

式中，η_t、η_s 分别为风机的全压效率和静压效率。

　　设电动机的效率为 η_m、传动效率为 η_{tr} 时，电动机的输入功率为 N_m，则

$$N_m = \frac{N}{\eta_m \eta_{tr}} = \frac{H_t Q}{1000\eta_t \eta_m \eta_{tr}} \tag{6-11}$$

　　（4）扇风机的效率：扇风机的效率是指扇风机的输出功率与输入功率之比。因为扇

风机的输出功率有全压输出功率和静压输出功率之分，所以扇风机的效率分全压效率 η_t 和静压效率 η_s。

$$\eta_t = N_t / N \tag{6-12}$$

$$\eta_s = N_s / N \tag{6-13}$$

很显然，扇风机的效率越高，说明扇风机的内部阻力损失越小，性能也越好。

6.2.3.2 扇风机的个体特性曲线

扇风机的实际特性可用实际风量分别与装置风压、输入功率、效率相关系的三种曲线来表示。由于不同的扇风机（类型不同、叶片形状不同、叶轮和前导器的叶片角度不同、新旧程度不同）内部的能量损失不同，每台扇风机的实际特性曲线不同，故上述三种特性曲线分别称为个体风压特性曲线、个体功率特性曲线和个体效率特性曲线。这三种曲线是选好、用好扇风机必备的技术资料。

当风机以某一转速在风阻 R 的风路上工作时，可测算出一组工作参数，风压 H、风量 Q、功率 N 和效率 η。改变风路的风阻，便可得到另一组相应的工作参数，通过多次改变风路风阻，可得到一系列工况参数。将这些参数对应描绘在以 Q 为横坐标，以 H、N 和 η 为纵坐标的直角坐标系上，并用光滑曲线分别把同名参数点连接起来，即得 $H\text{-}Q$、$N\text{-}Q$ 和 $\eta\text{-}Q$ 曲线，这组曲线也就是扇风机在该转速条件下的个体特性曲线。有时为了使用方便，仅采用风机静压特性曲线（$H_s\text{-}Q$）。

图 6-11 和图 6-12 分别为轴流式和离心式扇风机的个体特性曲线示例。轴流式通风机的风压特性曲线一般都有马鞍形（又称驼峰）曲线存在，而且同一台扇风机的驼峰区随叶片装置角度的增大而增大。驼峰点 D 右侧的特性曲线为单调下降区段，是实用工作段；驼峰点 D 左侧是不稳定工作段，风机在该段工作，有时会引起风机风量、风压和电动机功率的急剧波动，甚至机体发生震动，发出不正常噪声，产生所谓的喘振（或飞动）现象，严重时会破坏风机。离心式通风机风压曲线驼峰不明显，且随叶片后倾角度增大而逐渐减小，其风压曲线工作段较轴流式通风机平缓；当风路风阻做相同的量的变化时，其风

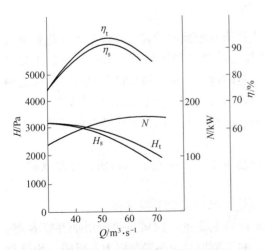

图 6-11 轴流式扇风机个体特性曲线

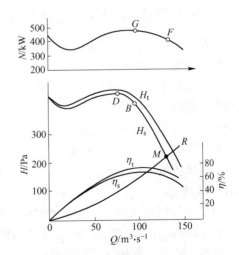

图 6-12 离心式扇风机个体特性曲线

量变化比轴流式通风机要大。

离心式扇风机的轴功率 N 又随 Q 增加而增大，只有在接近风流短路时功率才略有下降。因而，为了保证安全启动，避免因启动负荷过大而烧坏电机，离心式扇风机在启动时应将风硐中的闸门全闭，待其达到正常转速后再将闸门逐渐打开。当供风量超过需风量过大时，常常利用闸门加阻来减少工作风量，以节省电能。

轴流式扇风机的叶片装置角不太大时，在稳定工作段内，功率 N 随 Q 增加而减小。所以轴流式通风机应在风阻最小时（如打开闸门）启动，以减少启动负荷。

6.2.4　扇风机工况点

所谓工况点，即扇风机在某一点特定转速和工作风阻条件下的工作参数，如 Q、H、N 和 η 等，一般是指 H 和 Q 两个参数。

6.2.4.1　工况点的合理工作范围

为使扇风机安全、经济地运转，扇风机的运转效率不应低于 0.6。其工况点必须位于驼峰点的右下侧，单调下降的直线段上。由于轴流式通风机的性能曲线存在马鞍形区段，为了防止矿井风阻偶尔增加等原因，使工况点进入不稳定区，一般限定实际工作风压不得超过最高风压的 0.9 倍。由于受到动轮和叶片等部件结构所限，风机动轮的转数不能超过它的额定转数。

轴流式通风机的工作范围如图 6-13 的阴影部分所示。上限为最大风压 0.9 倍的连线，下限为 $\eta = 0.6$ 的等效曲线。

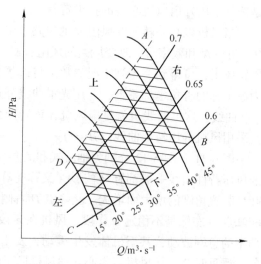

图 6-13　轴流式通风机的合理工作范围

6.2.4.2　主要扇风机工况点调节

在矿井通风中，扇风机的工况点常因采掘工作面的增减和转移、环境条件变化和风机本身性能变化（如磨损）而改变。为了保证矿井按需供风和风机经济运行，需要适时地进行工况点调节。实质上，工况点调节就是供风量的调节。由于风机的工况点是由风机和风阻两者的特性曲线决定的，所以，调节工况点需改变两者之一或两者同时改变。据此，工况点调节方法主要有改变矿井风阻特性曲线调节法和改变扇风机风压特性曲线调节法。

　　A　改变矿井风阻特性曲线调节法

当扇风机风压特性曲线不变时，改变矿井的总风阻，工况点沿扇风机特性曲线移动，如图 6-14 所示。

（1）增加风量的调节。为了增加矿井的供风量，可以采取下列措施：

1）减少矿井总风阻。在矿井（或通风系统）的主要进、回风道采取增加并联巷道、缩短风路、扩大巷道断面、更换摩擦阻力系数小的支架护、减小局部阻力等措施，均可收到减少矿井总风阻的效果。这种调节措施的优点是主要扇风机的运转费用较低，缺点是工程量和工程费用较大，施工周期也较长。

  2）当地面外部漏风较大时，可以采取堵塞地面的外部漏风措施。这样做，扇风机的风量虽然因其工作风阻增大而减小，但矿井风量却会因有效风量率的提高而增大。这种方法实施简单，经济效益较好，但调节幅度不大。

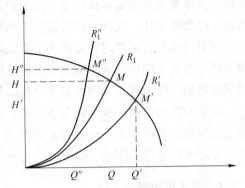

图 6-14 改变矿井风阻特性曲线调节法

  （2）减少风量的调节。当矿井风量过大时，应进行减少风量的调节。其方法有：

  1）增加矿井总风阻。对于离心式扇风机可利用风硐中闸门增加风阻（减小其开度）。这种方法实施较简单，但因增大风阻而增加了附加能量损耗，所以调节时间不宜过长，只能用于一些临时减少风量的调节。

  2）对于轴流式扇风机，当其 N-Q 曲线在工作段具有单调下降特点时，因种种原因不能实施低转速和减少叶片安装角度口时，可以用增大外部漏风的方法，来减小矿井风量。这种方法比增阻调节要经济，但调节幅度较小。

  B 改变扇风机风压特性曲线调节法

  改变扇风机风压特性曲线的调节方法的特点是矿井总风阻不变，改变扇风机风压特性曲线，工况点沿风阻特性曲线移动，如图 6-15 所示。调节方法如下。

  （1）轴流式风机可采用改变叶片安装角度达到增减风量的目的。对于有些轴流式扇风机还可以通过改变叶片数来改变扇风机的特性。改变叶片数时，应按说明书规定进行。对于能力过大的二级动（叶）轮扇风机，还可以减少动（叶）轮级数，

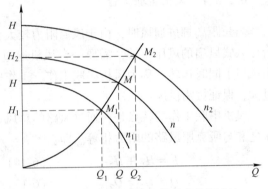

图 6-15 改变扇风机风压特性曲线调节法

减少供风。目前，有些从国外进口的扇风机能够在运转时自动调节叶片安装角。如德国的 GVI 轴流式扇风机，自带状态监测和控制计算机，只需向计算机输入要求的扇风机工作风量，计算机就能自动选择并调节到合适的叶片安装角。但要注意的是，防止因增大叶片安装角度而导致扇风机进入不稳定区运行。

  （2）装有前导器的离心式扇风机，可以改变前导器叶片转角进行风量调节。

  风流经过前导器叶片后发生一定预旋，能在很小或没有冲角的情况下进入扇风机。前导叶片角由 0°变到 90°时，风压曲线降低，扇风机效率也有所降低。调节幅度不大（70%以下）时，比增加矿井总风阻调节要经济一些。

  C 改变扇风机转速

  无论是对轴流式还是离心式扇风机都可采用。

  （1）改变电动机转速。可采用可控硅串级调速，更换合适转速的电动机和采用变速电动机（此种电机价格较高）等方法。

  （2）利用传动装置调速。如利用液压联轴器传动的扇风机，可通过改变联轴器工作

室内的液体量来调节扇风机转速；又如利用皮带轮传动的扇风机，可以更换不同直径的皮带轮，改变传动比。这种方法只适用于小型离心式扇风机。

调节转速没有额外的能量损耗，对扇风机的效率影响不大，因此也是一种较经济的调节方法，当调节期长，调节幅度较大时应优先考虑。但要注意，增大转速时可能会使扇风机震动增加、噪声增大、轴承温度升高以及发生电动机超载等问题。

调节方法的选择，取决调节期长短、调节幅度大小、投资大小和实施的难易程度。调节之前应拟定多种方案，经过技术和经济比较后择优选用，选用时还要考虑实施的可能性。有时可以考虑采用综合措施。

6.2.5　扇风机的联合工作

在矿井生产和建设时期，通风系统的阻力是经常变化的。当矿井通风系统的阻力变大到使一台扇风机不能保证按需供风时，就有必要利用两台或两台以上扇风机进行联合作业，以达到增加风量的目的。两台或两台以上的扇风机同时对一个矿井通风系统或一个风网进行工作，称为扇风机的联合作业。扇风机的联合作业可分为串联和并联两种。

6.2.5.1　风机串联工作

当长距离掘进通风时，由于风筒阻力较大，要把一定的风量送到掘进工作面，有时一台压入式风扇的风压不够，需要一台风机通过一段巷道（或管道）连接到另一台风机的出风口上同时运转，称为风机串联工作。工作串联的任务是增加风压，用于克服风路阻力过大，保证按需供风。

风机串联工作的特点是，通过风路的总风量等于每台风机的风量。两台风机的工作风压之和与所克服风路的阻力相等。即：

$$h = H_1 + H_2 \qquad (6\text{-}14)$$
$$Q = Q_1 = Q_2 \qquad (6\text{-}15)$$

式中　h——风路的总阻力，Pa；

H_1，H_2——风机 1、风机 2 的工作静压，Pa；

　　　Q——风路的总风量，m^3/s；

Q_1，Q_2——风机 1、风机 2 的风量。

A　风压特性曲线不同的扇风机串联作业

如图 6-16 所示，两台不同型号风机 F_1 和 F_2 的特性曲线分别为 Ⅰ、Ⅱ。两台风机串联的等效合成曲线"Ⅰ+Ⅱ"按"在风量相等下，两台风机的风压相加"的串联原理求得。即在两台风机的风量范围内，在通过若干风量点的纵坐标线上，把各个风量下两风机的风压相加（相减），可得若干坐标点，把这些坐标点连起来，即可得到风机串联工作时等效合成特性曲线Ⅰ+Ⅱ。这表明：多台风机串

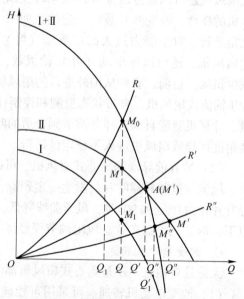

图 6-16　风压特性曲线不同的扇风机
串联作业时的等效合成特性曲线

联作业时，不能充分发挥每台风机的风压作用。风筒的风阻越小，串联工作的效果越差；反之，风筒的风阻越大，串联工作的效果越好。故风机串联作业只适用于风网阻力较大的情况。只有在选不到高风压的风机时，才能采用多台风机串联工作。

　　B　风压特性曲线相同的扇风机串联作业

　　图 6-17 所示的是两台特性曲线相同（性能曲线Ⅰ和Ⅱ重合）的扇风机串联作业。由图 6-17 可见，临界点 A 位于 Q 轴上。这就意味着在整个合成曲线范围内串联作业都是有效的，只是风网风阻不同增风效果不同而已。可见，风压特性曲线相同的较不相同的扇风机串联作业效果要好。

6.2.5.2　风机与自然风压串联作业

　　A　自然风压特性

　　自然风压特性是指自然风压与风量之间的关系。在机械通风矿井中，冬季自然风压随风量增大而增大；夏季，若自然风压为负时，其绝对值亦将随风量增大而增大。扇风机停止作业时自然风压依然存在。故一般用平行 Q 轴的直线表示自然风压的特性。如图 6-18 中Ⅱ和Ⅱ′分别表示正和负的自然风压特性。

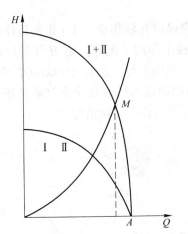

图 6-17　风压特性曲线相同的扇风机
串联作业时的等效合成特性曲线

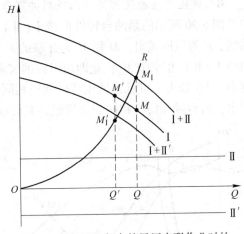

图 6-18　扇风机与自然风压串联作业时的
等效合成特性曲线

　　B　自然风压对扇风机工况点的影响

　　在机械通风矿井中自然风压对机械风压的影响，类似于两台扇风机串联作业。如图 6-18，矿井风阻曲线为 R，扇风机特性曲线为Ⅰ，自然风压特性曲线为Ⅱ，按风量相等风压相加原则，可得到正负自然风压与扇风机风压的等效合成特性曲线Ⅰ+Ⅱ和Ⅰ+Ⅱ′。风阻 R 与其交点分别为 M_1 和 M_1'，据此可得扇风机的实际工况点为 M 和 M'。由此可见，当自然风压为正时，机械风压与自然风压共同作用克服矿井通风阻力，使矿井风量增加；当自然风压为负时，成为矿井通风阻力，使矿井风量减少。

6.2.5.3　风机并联工作

　　如图 6-19 所示，某抽出式通风的矿井，因 1 号风机 F_1 风压够用而风量不足，在同一出风井口增设一台 2 号风机 F_2，两台风机的进风口直接或通过一段巷道连接在一起工作叫通风机并联。因矿井的总回风量是两台风机的风量之和，而矿井的总阻力等于每台风机的静压，即：

$$h = H_1 = H_2 \tag{6-16}$$
$$Q = Q_1 + Q_2 \tag{6-17}$$

A　风压特性曲线不同的扇风机并联作业

如图 6-19 所示，两台不同型号风机 F_1 和 F_2 的特性曲线分别为Ⅰ、Ⅱ。两台风机并联后的等效合成曲线Ⅲ可按风压相等风量相加原理求得。即在两台风机的风压范围内，在通过若干风压点的纵坐标线上，把各个风压下两风机的风量相加，可得若干坐标点，把这些坐标点连起来，即可得到风机并联工作时等效合成特性曲线Ⅲ。

多台风机并联作业时，不能充分发挥每台风机的风量作用。矿井总风阻越大，并联工作的效果越差；反之，矿井总风阻越小、风压相同的风机并联工作的效果越好。故风机并联作业只适用于风网阻力较小的情况。对于新设计的矿井，不宜选用多台风机进行并联作业。

此外，由于轴流式通风机的特性曲线存在马鞍形区段，因而合成特性曲线在小风量时比较复杂，当网路风阻较大时，风机可能出现不稳定工作，要进行稳定性分析。

B　风压特性曲线相同的扇风机并联作业

图 6-20 所示的是两台特性曲线Ⅰ（Ⅱ）相同的扇风机并联作业。Ⅰ+Ⅱ为其合成特性曲线，R 为风网风阻。M 和 M' 为并联的工况点和单独工作的工况点。由 M 作等风压线与曲线Ⅰ（Ⅱ）相交于 M_1，此即扇风机的实际工况点。由图可见，总有 $\Delta Q = Q - Q_1 > 0$，且 R 越小，ΔQ 越大。可见，风压特性曲线相同的较不相同的扇风机并联作业效果要好。应该指出，两台风压特性相同的扇风机并联作业，同样存在不稳定运转情况。

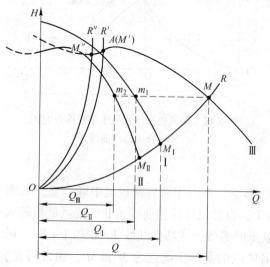

图 6-19　风压特性曲线不同的扇风机
并联作业时的等效合成特性曲线

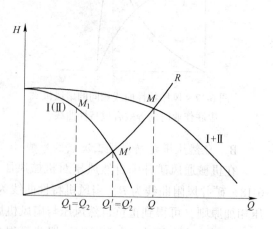

图 6-20　风压特性曲线相同的扇风机并联
作业时的等效合成特性曲线

6.2.5.4　并联与串联作业的比较

图 6-21 中为两台型号相同的离心式扇风机的风压特性曲线为Ⅰ，两者串联和并联工

作的特性曲线分别为Ⅱ和Ⅲ，N-Q 为其功率特性曲线，R_1、R_2 和 R_3 为大小不同的三条风网风阻特性曲线。当风阻为 R_2 时，正好通过Ⅱ、Ⅲ两曲线的交点 B。若并联则扇风机的实际工况点为 M_1，若串联则实际工况点为 M_2。显然在这种情况下，串联和并联工作增风效果相同。但从消耗能量（功率）的角度来看，并联的功率为 N_p，而串联的功率为 N_s，显然 N_s > N_p，故采用并联是合理的。当扇风机的工作风阻为 R_1，并联运行时工况点 A 的风量比串联运行工况点 F 时大，而每台扇风机实际功率反而小，故采用并联较合理。当扇风机的工作风阻为 R_3，并联运行时工况点 E，串联运行工况

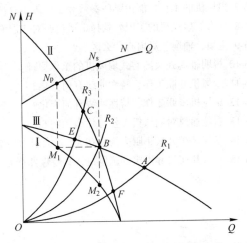

图 6-21　扇风机并联与串联作业的比较

点为 C，则串联比并联增风效果好。对于轴流式扇风机则可根据其风压和功率特性曲线进行类似分析。

　　多台扇风机联合作业与一台扇风机单独作业有所不同。如果不能掌握扇风机联合作业的特点和技术，将会事与愿违，造成不良后果，甚至可能损坏扇风机。

　　因此，在选择扇风机联合作业方案时，应从扇风机联合运转的特点、效果、稳定性和合理性出发，在考虑风网风阻对工况点影响的同时，还要考虑运转效率和轴功率大小。在保证增加风量或按需供风后应选择能耗较小的方案。

 复习思考题

6-1　说明矿井产生自然风流的原因。

6-2　影响自然风压大小和方向的因素是什么？

6-3　如何测定矿井自然风压？

6-4　能否用人为的方法形成或加强自然风压？可否利用与控制自然风压？

6-5　如图 6-22 所示，地表 A 点大气压 $p_0 = 10^5 \text{Pa}$，地表气温为 0℃，AB 空气柱温度为 17℃，已知各段巷道的风阻为 $R_1 = 0.98 \text{N} \cdot \text{s}^2/\text{m}^8$，$R_2 = 1.47 \text{N} \cdot \text{s}^2/\text{m}^8$，$R_3 = 0.49 \text{N} \cdot \text{s}^2/\text{m}^8$，矿井深度 300 米，求自然通风情况下，通过各段巷道的风流方向及风量。

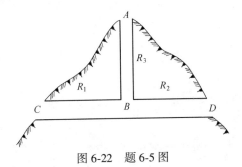

图 6-22　题 6-5 图

6-6　按扇风机构造分类，扇风机分为哪几类？各有哪些特点？

6-7 扇风机的工作性能由哪些参数表示？表示这些参数的特性曲线有哪些？

6-8 什么是扇风机的工况？选择扇风机时对工况有什么要求？

6-9 主扇、辅扇、局扇有什么区别？

6-10 说明轴流式及离心式扇风机的工作原理？

6-11 扇风机并联工作，特性曲线有何变化？

6-12 扇风机串联工作，特性曲线有何变化？

6-13 自然通风对扇风机工作有什么影响？

6-14 已知某矿井最小阻力为 980Pa，最大阻力为 2256Pa，矿井所需风量为 30m³/s，试选用一种扇风机。

6-15 一台几何尺寸固定的扇风机，其特性曲线是否固定不变？用什么方法可以改变其特性曲线？

第7章　矿井通风网路中风量分配与调节

7.1　矿井通风网路中风流基本规律与风量分配

矿井通风系统是由纵横交错的井巷构成的一个复杂系统。由若干风道和交汇点构成的通风系统，是由线、点及其属性组成的，称为通风网路。通风系统中各井巷分配的风量大小及其方向遵循一定规律。在全矿井的风网中风量分配有两种，一是按需分配，二是自然分配。前一种是根据井下各个用风地点的实际需要进行分配的方法，为了保证这种分配，必须采取一系列的控制措施，井下大部分网路中的风量是用这种方法进行分配的。后一种是取决于通风网路中各网路的风阻比例关系，不加控制任风量自然地进行分配的方法，这种分配方法多半用于矿井的进风和回风通风网路中，但必须在保证井下各个用风地点实现按需分配风量的前提下进行。

7.1.1　矿井通风网路的基本术语和通风网路图

7.1.1.1　基本术语

对通风网路进行分析时，常用到以下一些术语：

(1) 节点：指两条或两条以上分支的交点。每个节点有唯一的编号，断面或支护方式不同的两条风道，其分界点有时也可称为节点。在通风网路图中用圆圈加节点号表示节点，图 7-1 (a) 中的①~⑥均为节点。

(2) 分支 (边、弧)：是两节点间的连线，在通风网路图上，每条分支可有一个编号，称为分支号。图 7-1 (a) 中的每一条线段就代表一条分支。其方向即为风流的方向，用箭头表示，箭头自始节点指向末节点。若分支并不表示实际井巷，如连接进、回风井口的地面大气分支，则称为伪分支，常用虚线表示，如扇风机出口到进风井口的一段。

(3) 路 (通路)：是由若干方向相同的分支首尾相接而成的线路，即某一分支的末节点是下一分支的始节点。如图 7-1 (a) 中，1-2-3、3-4-5 和 1-2-3-4 等均是通路。

（4）回路和网孔：是由若干方向并不都相同的分支所构成的闭合线路，其中有分支者称为基本回路，简称回路，无分支者称为网孔。图 7-1（a）中，1-2-3-4-5-7 是一个回路（其中含有分支 6），2-3-4-6 是一个网孔（其中无分支）。

（5）生成树：任意两节点间至少存在一条通路但不含有回路的一类特殊图，由于这类图的几何形状与树相似，故得名。树中的分支称为树枝。包含通风网路全部节点的树称其为生成树，简称树。每一个通风网路都可选出若干个生成树。图 7-1（b）中的实线图就是通风网路图 7-1（a）的若干个生成树中的一棵树。从图 7-1（b）可以看出，每棵树的节点数 J 减 1 就是树枝数，即每棵树的树枝数为 $J-1$。如图 7-1（b）中的树枝数为 6−1＝5。

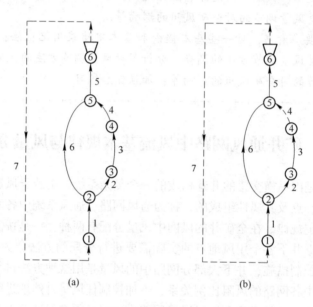

图 7-1　曲线通风网路图及其生成树

7.1.1.2　矿井通风网路图

矿井通风网路图的特点有：（1）通风网路图只反映风流方向及节点与分支间的相互关系，节点位置与分支线的形状可以任意改变；（2）能清楚地反映风流的方向和分合关系，并且是进行各种通风计算的基础，因此是矿井通风管理的一种重要图件。

通风网路图有两种类型。一种是与通风系统图形状基本一致的通风网路图，如图 7-2 所示；另一种是曲线形状的通风网路图，如图 7-1（a）所示。图 7-1（a）与图 7-2 所示的是同一个通风网路一般常用曲线通风网路图。

通风网路图的绘制一般按以下步骤进行：

（1）节点编号。在通风系统图上给井巷的交汇点标上特定的节点号。

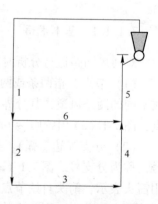

图 7-2　与通风系统图形状基本一致的通风网路图

（2）绘制草图。在图纸上画出节点符号，并用单线条（直线或弧线）连接有风流连通的节点。

（3）图形整理。按照正确、美观的原则对通风网路图进行修改。

通风网路图的绘制原则如下：

（1）用风地点并排布置在网路图中部，进风节点在网路图下部，回风节点在网路图的上部，扇风机出口节点在最上部。

（2）分支方向（除地面大气分支）基本都应由下至上。

（3）分支间的交叉尽可能少。

（4）网路图总的形状基本为椭圆形。

（5）合并节点，某些距离较近、阻力很小的几个节点，可简化为一个节点。

（6）同标高的各进风井与回风井可视为一个节点。

（7）阻力相同的并联分支可合并为一条分支。

7.1.2 通风网路中风流流动的基本定律

7.1.2.1 风量平衡定律

风量平衡定律是指在稳态通风条件下，单位时间流入某节点的空气质量等于流出该节点的空气质量。或者说，流入与流出某节点的各分支空气质量流量代数和等于零，即式(7-1)：

$$\sum M_i = 0 \tag{7-1}$$

式中　M_i——通风网路流入（取正号）或流出（取负号）第 i 节点的各分支空气质量流量，kg/s。

若不考虑风流密度的变化，则流入与流出某节点的各分支体积流量（风量）代数和等于零，即式(7-2)：

$$\sum Q_i = 0 \tag{7-2}$$

式中　Q_i——通风网路流入（取正号）或流出（取负号）第 i 节点的各分支体积流量，m^3/s。

如图 7-3(a) 所示，节点 4 处的风量平衡方程为式(7-3)：

$$Q_{14} + Q_{24} + Q_{34} - Q_{45} - Q_{46} = 0 \tag{7-3}$$

将上述节点扩展为无源回路，则式(7-1) 和式(7-2) 的风量平衡定律依然成立。

如图 7-3(b) 所示，回路 2-4-5-7-2 的各邻接分支的风量满足式(7-4)：

$$Q_{12} - Q_{43} - Q_{56} - Q_{78} = 0 \tag{7-4}$$

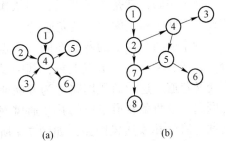

(a)　　　　　　(b)

图 7-3　风流流经节点和闭合回路

7.1.2.2 阻力定律

矿井通风中的风流，绝大多数属于完全紊流状态。因此，对于任一分支或整个通风网路系统，均遵守式(7-5)：

$$h_i = R_i Q_i^2 , \quad h = RQ^2 \tag{7-5}$$

式中　h_i——通风网路 i 分支的通风阻力，Pa；

　　　R_i——通风网路 i 分支的风阻，N·s²/m⁸；

　　　Q_i——通风网路 i 分支的风量，m³/s；

　　　h——通风网路的通风总阻力，Pa；

　　　R——通风网路的总风阻，N·s²/m⁸；

　　　Q——通风网路的总风量，m³/s。

7.1.2.3　能量平衡定律

一般地，回路中各分支风流方向为顺时针时，其通风阻力取 "+"；逆时针时，其通风阻力取 "-"。

（1）无动力源（即不存在扇风机风压 H_f 或自然风压 H_n）。无动力源时，通风网路的任一回路中，各分支阻力的代数和为零。即式（7-6）：

$$\sum h_i = 0 \tag{7-6}$$

如图 7-2 所示，对回路 2-3-4-6 中就有式（7-7）

$$h_6 - h_3 - h_4 - h_2 = 0 \tag{7-7}$$

（2）有动力源（即存在 H_f 或 H_n）。如图 7-2 所示，在回路 1-2-3-4-5-1 中就有式（7-8）：

$$H_f + H_n = h_1 + h_2 + h_3 + h_4 + h_5 \tag{7-8}$$

一般表达式为式（7-9）：

$$\sum H_f + \sum H_n = \sum h_i \tag{7-9}$$

即在通风网路的任一闭合回路中，各分支的通风阻力（又称风压降）代数和等于该回路中自然风压与扇风机风压的代数和，这就是能量平衡定律。扇风机风压 H_f 与自然风压 H_n 正负号的取法与分支通风阻力正负号的取法相同。

7.2　矿井简单通风网路

通风网路按其连接形式分为三种基本结构：串联、并联和角联。

所谓串联，就是各条巷道首尾依次连接，串联风路也称 "一条龙通风"。

两个或两个以上的巷道在同一节点分开，然后又在另一节点汇集，其中没有交叉巷道，这种通风网路称为并联通风网路。由两条巷道组成的并联通风网路称为简单并联通风网路，如图 7-4 所示。两条以上巷道组成的并联通风网路（见图 7-5），称为复杂并联通风网路。如图 7-6（a）所示，若两巷道在同一地

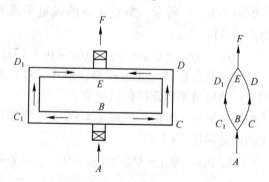

图 7-4　简单并联通风网路

点 B 分开后不再汇集在一起而是直接与大气联通（C 与 D 点）；或从 C、D 两地进入后到 B 点合二而一从 A 井排出（见图 7-6(b)），这称之为敞开式并联通风网路。

若两条并联巷道之间有一条使两并联巷道相通的对角巷道，这种通风网路就称为简单角联通风网路，如图 7-7 所示。有两条以上对角巷道的称为复杂角联通风网路。

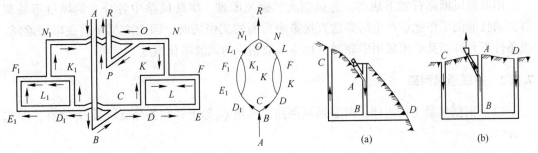

图 7-5　复杂并联通风网路　　　　　　　　　图 7-6　敞开式并联通风网路

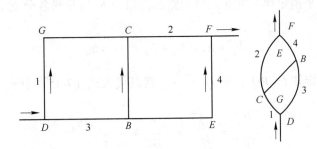

图 7-7　简单角联通风网路

7.2.1　串联通风网路

（1）根据风量平衡定律可得，串联通风网路的总风量 Q_c 等于串联各分支的风量 Q_i。即式（7-10）：

$$Q_c = Q_1 = Q_2 = Q_3 = \cdots = Q_n \tag{7-10}$$

（2）根据能量平衡方程可知，串联通风网路的总阻力 h_c（即系统始、末两断面的总压力差），等于各串联分支始、末两断面总压力差的叠加，所以串联通风网路的总阻力 h_c 等于串联各分支的阻力 h_i 之和。即式（7-11）：

$$h_c = h_1 + h_2 + h_3 + \cdots h_n \tag{7-11}$$

（3）根据阻力定律，式（7-11）可写为式（7-12）：

$$R_c Q_c^2 = R_1 Q_1^2 + R_2 Q_2^2 + R_3 Q_3^2 + \cdots + R_n Q_n^2 \tag{7-12}$$

式中　R_n——串联通风网路的总风阻，$N \cdot s^2/m^8$。

由于 $Q_c = Q_1 = Q_2 = Q_3 = \cdots = Q_n$，因而可得式（7-13）：

$$R_c = R_1 + R_2 + R_3 + \cdots + R_n \tag{7-13}$$

所以，串联通风网路的总风阻等于串联各分支风阻之和。

（4）由等积孔计算公式 $A = \dfrac{1.19}{\sqrt{R}}$，可得 $R = \dfrac{1.19^2}{A^2}$，将其代入式（7-13）整理得式（7-14）：

$$\frac{1}{A_c^2} = \frac{1}{A_1^2} + \frac{1}{A_2^2} + \frac{1}{A_3^2} + \cdots + \frac{1}{A_n^2} \tag{7-14}$$

式(7-14) 说明，串联通风网路的总等积孔 A_c 平方的倒数等于串联各分支等积孔 A_i 平方倒数之和。

串联通风网路有如下缺点：总风阻大，通风困难。串联风路中各分支的风量不易调节，而且前面工作地点产生污染物直接影响后面的工作场所。因此应尽量避免串联通风，当条件不允许而又必须采用串联时，也应采取相应的风流净化措施。

7.2.2　并联通风网路

（1）根据风量平衡定律，并联通风网路总风量 Q_b 等于并联各分支风量 Q_i 之和，即式（7-15）：

$$Q_b = Q_1 + Q_2 + Q_3 + \cdots + Q_n \tag{7-15}$$

（2）根据能量平衡定律，并联通风网路的总阻力 h_b 与并联各分支的阻力 h_i 相等，即式(7-16)：

$$h_b = h_1 = h_2 = h_3 = \cdots = h_n \tag{7-16}$$

（3）根据阻力定律 $h = RQ^2$，得 $Q = \dfrac{\sqrt{h}}{\sqrt{R}}$，将其代入式（7-15）有式（7-17）：

$$\frac{\sqrt{h_b}}{\sqrt{R_b}} = \frac{\sqrt{h_1}}{\sqrt{R_1}} + \frac{\sqrt{h_2}}{\sqrt{R_2}} + \cdots + \frac{\sqrt{h_n}}{\sqrt{R_n}} \tag{7-17}$$

因 $h_b = h_1 = h_2 = h_3 = \cdots = h_n$，故

$$\frac{1}{\sqrt{R_b}} = \frac{1}{\sqrt{R_1}} + \frac{1}{\sqrt{R_2}} + \cdots + \frac{1}{\sqrt{R_n}} \tag{7-18}$$

或

$$R_b = \frac{1}{\left(\dfrac{1}{\sqrt{R_1}} + \dfrac{1}{\sqrt{R_2}} + \cdots + \dfrac{1}{\sqrt{R_n}} \right)^2} \tag{7-19}$$

式(7-18) 说明，并联通风网路的总风阻平方根的倒数等于并联各分支风阻平方根倒数之和。

由式(7-19) 可以看出，并联通风网路并联的风道越多，总风阻就越小，且并联通风网路的总风阻永远小于并联通风网路中任一巷道的风阻。

若 n 条风阻相同的风道并联，则并联后的总风阻为 $R_b = R_i / n^2$。可见并联通风网路的总风阻较并联风道的风阻值降低的幅度是较大的。

（4）由等积孔计算公式 $A = \dfrac{1.19}{\sqrt{R}}$，可得 $\dfrac{1}{\sqrt{R}} = \dfrac{A}{1.19}$，将其代入式(7-18) 整理得式(7-20)：

$$A_b = A_1 + A_2 + \cdots + A_n \tag{7-20}$$

式(7-20) 说明，并联通风网路的总等积孔 A_b 等于并联各分支等积孔 A_i 之和。

（5）并联通风网路风量的自然分配。因 $h_1 = h_2$，$R_1 Q_1^2 = R_2 Q_2^2$ 或 $\sqrt{\dfrac{R_1}{R_2}} = \dfrac{Q_2}{Q_1}$，将式

$\sqrt{\dfrac{R_1}{R_2}}=\dfrac{Q_2}{Q_1}$ 左右两边各加 1，则 $\sqrt{\dfrac{R_1}{R_2}}+1=\dfrac{Q_2}{Q_1}+1$，即：$\sqrt{\dfrac{R_1}{R_2}}+1=\dfrac{Q_b}{Q_1}$，所以 $Q_1=$

$\dfrac{Q_b}{\sqrt{\dfrac{R_1}{R_2}}+1}$，同理：$Q_2=\dfrac{Q_b}{\sqrt{\dfrac{R_2}{R_1}}+1}$。

多条并联通风网路风量的自然分配，有：

$$Q_i=Q_b\sqrt{\dfrac{R_b}{R_i}}=\dfrac{Q_b}{\sqrt{\dfrac{R_i}{R_1}}+\sqrt{\dfrac{R_i}{R_2}}+\cdots+\sqrt{\dfrac{R_i}{R_{i-1}}}+1+\sqrt{\dfrac{R_i}{R_{i+1}}}+\cdots+\sqrt{\dfrac{R_i}{R_n}}} \tag{7-21}$$

并联通风网路与串联通风网路相比较。有很多优点。首先并联通风网路风流的总阻力比任意分支巷道的阻力都小，而且各分流中的空气都是新鲜的，不像串联巷道中的风流，后面受前面的污染。此外，并联通风网路易于人工调节风量，易于控制巷道内的火灾事故。因此，实际工作中应尽量采用并联通风网路。

7.2.3　简单角联通风网路中风流的稳定性

如图 7-7 所示的简单角联通风网路，分支 1、2、3 和 4 的风阻分别为 R_1、R_2、R_3 和 R_4。对角分支 BC 的风流方向是不稳定的，它随着其他四条分支风阻的不同，BC 的风流方向可能出现 $B{\to}C$、无风和 $C{\to}B$。

当 BC 的风流方向为 $B{\to}C$ 时，通风阻力 $h_1>h_3$，$h_2<h_4$；风量 $Q_1<Q_2$，$Q_3>Q_4$。即式 (7-22) 及式 (7-23)

$$R_1Q_1^2>R_3Q_3^2>R_3Q_4^2 \tag{7-22}$$
$$R_2Q_1^2>R_2Q_2^2>R_4Q_4^2 \tag{7-23}$$

式 (7-22) 与式 (7-23) 相比，得：

$$\dfrac{R_1}{R_2}>\dfrac{R_3}{R_4} \tag{7-24}$$

这就是 BC 风流方向为 $B{\to}C$ 的判别式。

同理可推得，当 BC 的风流方向为 $C{\to}B$ 时，$\dfrac{R_1}{R_2}<\dfrac{R_3}{R_4}$ $\tag{7-25}$

当 $\dfrac{R_1}{R_2}=\dfrac{R_3}{R_4}$ 时，BC 中无风流。

由此可知：当角联通风巷道的一侧分流中，对角巷道前的巷道风阻与对角巷道后的巷道风阻之比，大于另一侧分流相应巷道风阻之比，则对角巷道中风流就流向该侧；反之，流向另一侧。

7.3　矿井风量调节

在矿井生产中，随着巷道的延伸和工作面的推进，矿井的风阻、网路结构及所需要的风量等均在不断地发生变化，因此要求及时地进行风量调节。

从调节措施来看，有扇风机、引射器、风窗、风幕、增加并联井巷和扩大通风断面等。按其调节的范围，可分为局部风量调节与矿井总风量调节。从通风能量的角度看，可分为增能调节、耗能调节和节能调节。

7.3.1　局部风量调节

局部风量调节是指在采区内部各工作面间、采区之间或生产水平之间的风量调节。调节方法有增阻法、减阻法及增能调节法。

7.3.1.1　增阻调节法

增阻调节法是在并联通风网路中以阻力最大风道的阻力值为依据，在阻力小的风道中增加一个局部阻力，从而降低阻力小的风道中的风量，相应增大与其并联的其他风道上的风量，以实现各风道的风量按需供给。

增阻调节是一种耗能调节法，下面举例说明增阻调节法的基本原理。

A　通风网路基本情况

在图 7-8 中所示的并联通风网路中，分支 1 和分支 2 的风阻分别为 R_1 和 R_2，风量分别为 Q_1 和 Q_2，总风量为 $Q = Q_1 + Q_2$。两分支的阻力分别为 $h_1 = R_1 Q_1^2$，$h_2 = R_2 Q_2^2$，根据能量平衡定律可知 $h_1 = h_2$。

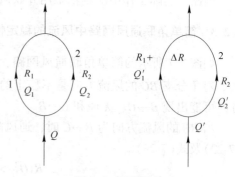

图 7-8　增阻调节

B　风量要按需分配

若由于生产等情况发生变化，风量 Q_2 要求增大到 Q_2'，而分支 1 的风量 Q_1 又有富余，即 Q_2 增大到 Q_2' 时 Q_1 可以减小到 Q_1'，此时总风量为

$Q = Q_1' + Q_2'$。此时 $h_2' = R_2 Q_2'^2 > h_1' = R_1 Q_1'^2$ 显然这是不符合并联通风网路两并联分支通风阻力相等的能量平衡定律的，因此必须进行调节，以使得调整风量后两并联分支的通风阻力相等。

C　增阻调节

采用增阻调节法，就是以调整风量后阻力大的分支 2 的阻力 h_2' 为依据，在阻力小的分支 1 上增加一项局部阻力 h_w，从而使得两并联分支的通风阻力相等（即 $h_w + h_1' = h_2'$），这时进入两分支的风量即为需要的风量。故有式(7-26)和式(7-27)：

$$h_w = h_2' - h_1' \tag{7-26}$$

$$\Delta R = \frac{h_w}{Q_1'^2} \tag{7-27}$$

式中　ΔR——阻力小的分支 1 上增加的调节风阻，$N \cdot s^2/m^8$。

增加局部阻力的主要措施是设置：（1）调节风窗；（2）临时风帘；（3）空气幕调节装置等。使用最多的是设置调节风窗。

（1）设置调节风窗。如图 7-9 所示，调节风窗就是在风门或挡风墙上开一个面积可调的小窗口，风流流过窗口时，由于突然收缩和突然扩大而产生一个局部阻力 h_w。调节窗

口的面积，可使此项局部阻力 h_w 和该分支所需增加的局部
阻力值相等。要求增加的局部阻力值越大，风窗面积越
小；反之越大。

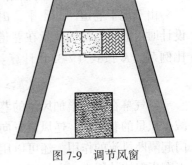

图 7-9 调节风窗

调节风窗的开口面积 S_o 计算如下：

当 $S_w/S_1 \leqslant 0.5$ 时，

$$S_w = \frac{Q'_1 S_1}{0.65Q'_1 + 0.84S_1\sqrt{h_w}} \qquad (7-28)$$

或

$$S_w = \frac{S_1}{0.65 + 0.84S_1\sqrt{\Delta R}} \qquad (7-29)$$

当 $S_w/S_1 > 0.5$ 时，

$$S_w = \frac{Q'_1 S_1}{Q'_1 + 0.759S_1\sqrt{h_w}} \qquad (7-30)$$

或

$$S_w = \frac{S_1}{1 + 0.759S_1\sqrt{\Delta R}} \qquad (7-31)$$

式中　S_1——设置风窗分支的断面积，m^2。

（2）设置临时风帘。这种调节装置是一个由机翼形叶片组成的百叶帘，悬挂于需要
增加局部阻力的分支。利用改变叶片的角度（$0° \sim 80°$）增加或减少其产生的局部阻力，
从而实现风量的调节。其特点是可连续平滑调节，调节范围较宽，调节比较均匀；当含尘
空气通过叶片时，由于粉尘粒子的撞击以及随后的减速，有利于降尘。但这种调节装置不
利于人和设备的通行，故一般只能设在回风道中。

（3）空气幕调节。空气幕（气幕）
是由扇风机通过供风器以较高的风速按
一定方向喷射出来的一股扁平射流，可
用于隔断巷道中的风流或调节巷道中的
风量。

空气幕由供风器、整流器和风机组
成（见图 7-10）。供风器内可设分流片，
以提高出口风速分布的均匀性，但会增
加内部阻力；也可不设分流片。

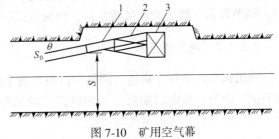

图 7-10 矿用空气幕
1—供风器；2—整流器；3—扇风机

当采用宽口大风量循环型矿内空气幕时，其有效压力 ΔH 可按式（7-32）计算：

$$\Delta H = \frac{2\cos\theta}{K_s + 0.5\cos\theta}H_{fc} \qquad (7-32)$$

式中　ΔH——空气幕的有效压力，等于要求调节的通风阻力差值，Pa；

　　　H_{fc}——空气幕出口动压，Pa；

　　　K_s——断面比例系数，$K_s = S/S_0$；

　　　S——设置空气幕分支的断面积，m^2；

　　　S_0——空气幕出口断面积，m^2；

θ——空气幕射流轴线与巷道轴线夹角，(°)。

由于地下巷道凹凸不平，θ 角取 30° 为好。空气幕的供风量受巷道允许风速的限制，设计时可取空气幕的风量在巷道中形成的风速不大于 4m/s。在此条件下，空气幕的断面比例系数 K_s 按式 (7-33) 计算：

$$K_s \geq 0.03(\Delta H + \sqrt{\Delta H^2 + 28.8\Delta H})\tag{7-33}$$

空气幕在需要增加风量的巷道中，顺巷道风流方向工作，可起增压调节作用；在需要减少风量的巷道中，逆风流方向工作，可起增阻调节作用。空气幕在运输巷道中可代替风门起隔断风流的作用。还可以用来防止漏风、控制风向、防止平硐口结冻以及防止工作地点有毒气体的侵入。空气幕在运输频繁的巷道中工作不妨碍运输，工作可靠。

D　增阻调节法的使用条件

增阻调节法的使用条件为增阻分支风量有富余。

E　增阻调节法的特点

增阻调节法具有简单、方便、易行、见效快等优点，是采区内巷道间的主要调节措施。但增阻调节法会增加矿井总风阻，若主要扇风机风压特性曲线不变，会导致矿井总风量减少。矿井总风量的减少值与主要扇风机风压特性曲线的陡缓有关。若想保持矿井总风量不减少，就得改变主要扇风机风压特性曲线来提高风压，这就增加了通风电力费。此外，增阻调节法是通过减少一个风道的风量来增加另一个风道的风量，其调节的风量有一个最大限制范围，如果调节的风量超出了这个最大限制范围，增阻调节法就不能达到调节的目的。

F　增阻调节法使用时的注意事项

(1) 调节风窗一般安设在回风巷道中，以免影响运输；(2) 在复杂通风网路中采用增阻法调节时，应按先内后外的顺序逐渐调节，最终使每个回路或网孔的阻力达到平衡；(3) 调节风窗一般安设在风桥之后，以减少风桥的漏风量。

7.3.1.2　减阻调节法

减阻调节法是在并联通风网路中以阻力最小风道的阻力值为依据，设法降低阻力大的风道的阻力值，从而增加阻力大的风道中的风量，相应减少与其并联的其他风道上的风量，以实现各风道的风量按需供给。

减阻调节是一种节能调节法，下面以图 7-8 的例子说明减阻调节法的基本原理。

A　通风网路基本情况

参见第 7.3.1.1 节中的增阻调节法。

B　风量要按需分配

参见第 7.3.1.1 节中的增阻调节法。

C　减阻调节

采用减阻调节法，就是以调整风量后阻力最小的分支 1 的阻力 h_1' 为依据，在阻力大的分支 2 上通过采取降阻措施使其通风阻力由 h_2' 降低到 h_1'（即 $h_2' = h_1'$），从而达到两并联分支的通风阻力相等，这时进入两并联分支的风量即为需要的风量。显然

$$h_2' = R_2'Q_2'^2 = h_1'\tag{7-34}$$

$$R_2' = h_1'/Q_2'^2 \tag{7-35}$$

式中 R_2'——分支2采取降阻措施后的风阻，$N \cdot s^2/m^8$。

减少阻力的主要措施有：（1）扩大巷道断面。因摩擦阻力与风道断面积的三次方成反比，因而扩大巷道断面可有效地降低风道的通风阻力。当所降通风阻力值较大时，可考虑采用这种措施；（2）降低风道的摩擦阻力系数。由于摩擦阻力与摩擦阻力系数成正比，因而可通过改变支架类型（即改变摩擦阻力系数）或风道壁面平滑程度来降低风道的通风阻力，如用混凝土支护代替木支架，或在木支架的棚架间铺以木板等；（3）清除巷道中的局部阻力物。这种措施减少通风阻力的效果一般，但应首先使用，然后再考虑采用其他减少通风阻力的措施；（4）开掘并联风道。在阻力大的风道旁侧开掘并联风道（可利用废旧巷道），也可以起到减少通风阻力的作用；（5）缩短风流路线的总长度，因为摩擦阻力与风流路线长度成正比，所以在条件允许时，可采用这种措施来减少风道的通风阻力。通常，减少阻力采取的主要措施是扩大巷道断面和降低风道的摩擦阻力系数。

D 减阻调节法的特点

减阻调节法的优点是使矿井总风阻减少，若扇风机性能不变，将增加矿井总风量。它的缺点是工程量大、工期长、投资多，有时需要停产施工，所以一般在对矿井通风系统进行较大的改造时才采用。因此，在采取减阻调节措施之前，应根据具体情况，结合扇风机特性曲线进行分析和计算，在确认有效及经济合理时，才能采用降阻调节措施。

7.3.1.3 增能调节法

增能调节法是在并联通风网路中以阻力最小风道的阻力值为依据，在阻力大的风道里通过采取增能措施来提高克服该风道通风阻力的通风压力，从而增加该风道中的风量，以实现各风道的风量按需供给。

增能的主要方法有：辅助扇风机调节（又称增压调节）和利用自然风压调节。

A 辅助扇风机调节法（简称辅扇调节法）

当并联通风网路中两并联分支的阻力相差悬殊，用增阻或减阻调节都不合理或都不经济时，可在风量不足的分支中安设辅扇，以提高克服该分支通风阻力的通风压力，从而达到调节风量的目的。用辅扇调节时，应将辅扇安设在阻力大（风量不足）的分支中。下面以图7-8的例子说明辅助扇风机调节法的基本原理。

a 通风网路基本情况

参见第7.3.1.1节中的增阻调节法。

b 风量要按需分配

参见第7.3.1.1节中的增阻调节法。

c 辅扇调节

采用辅扇调节法，就是以调整风量后阻力最小的分支1的阻力 h_1' 为依据，在阻力大的分支2上安装辅助扇风机，并使辅助扇风机的风压 H_b 等于调整风量后两并联分支的通风阻力差 $(h_2'-h_1')$，即式（7-36）

$$H_b = h_2' - h_1' \tag{7-36}$$

这样达到两并联分支的通风阻力相等，而且进入两并联分支的风量即为需要的风量。显然，辅助扇风机风量 Q_b 为

$$Q_b = Q_2' \tag{7-37}$$

在实际生产中，辅扇调节的方法有两种，即带风墙的辅扇调节法和无风墙的辅扇调节法。

（1）有风墙的辅扇调节法。带风墙的辅扇是在安设辅扇的巷道断面上，除辅扇外其余断面均用风墙密闭，巷道内的风流全部通过辅扇，如图 7-11 所示。为了检查方便，在风墙上开一个小门，小门一定要严密。

若在运输巷道里安设辅扇时，为了不影响运输，必须在调节风道中挖掘出一绕道，将辅扇安装在绕道中，并在运输巷道的绕道进风口与出风口段中至少要安装两道自动风门，自动风门的间距要大于一列矿车的长度。

带风墙辅扇调节风量时，辅扇的能力必须选择适当才能达到预期效果。如果辅扇能力不足，则不能调节到所需要的风量值；若辅扇能力过大，可能造成与其并联风道风量的大量减少，甚至无风或风流大循环；若安设辅扇的风墙不严密，在辅扇周围出现局部风流循环，将降低辅扇的通风效果。

辅扇可根据式（7-36）和式（7-37）计算出的辅扇风压 H_b 和风量 Q_b 进行选择。

带风墙辅扇是靠扇风机的全压做功，能克服较大的通风阻力，可用于需要调节的并联分支通风阻力差较大的区域性风量调节中。

（2）无风墙辅扇调节法。如图 7-12 所示，无风墙辅扇不带风墙，辅扇安装时无需绕道，也不装风门，它只在辅扇出风侧加装一段截头圆锥形的引射器，由于引射器出风口的面积比较小（只为辅扇出风口面积的 20%~50%），则通过辅扇的风量从引射器出风口射出时速度较大，形成较大的引射器出口动压。引射器出口动压用来引射出风侧的风流，同时带动一小部分风量从辅扇以外的风道中流过来，从而提高该风道的风量。无风墙辅扇在风道中工作时，其出口动压除去由辅扇出口到风道全断面突然扩大的能量损失和风流绕过扇风机的能量损失外，所剩余的能量均用于克服风道阻力。单位体积流体的这部分能量称为无风墙辅扇的有效压力，以 ΔH 表示。无风墙辅扇在巷道中所造成的有效压力可按式（7-38）计算：

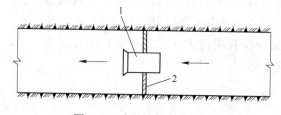

图 7-11　有风墙辅扇布置图
1—辅扇；2—风墙

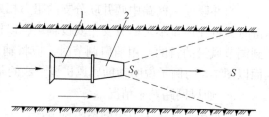

图 7-12　无风墙辅扇布置图
1—扇风机；2—引射器

$$\Delta H = K_b h_b \frac{S_0}{S} \tag{7-38}$$

$$h_b = \frac{\rho_b v_b^2}{2} \tag{7-39}$$

式中　h_b——辅扇出口动压，Pa；

ρ_b——辅扇出口处的空气密度，kg/m³；

v_b——辅扇出口的风速，m/s；

S_0，S——分别为辅扇出口和安设辅扇巷道的断面积，m^2；

K_b——与辅扇在巷道中安装条件有关的试验系数，$K_b = 1.5 \sim 1.8$，安装条件好时取大值。

无风墙辅扇的风量，在无其他通风动力的风道中单独工作时，辅扇风量 Q_b 与安设辅扇风道的风量 Q'_2 及风道风阻 R_2 的关系如式（7-40）：

$$Q'_2 = \frac{0.102Q_b}{\sqrt{R_2 S_0 S}} \tag{7-40}$$

无风墙辅扇安装方便，对运输影响小。但安装时应注意以下几个问题：

1）无风墙辅扇的有效风压与辅扇出口动压成正比，故采用大风量中低压扇风机，可提高出风口的总动压，亦即提高通风效果。

2）辅扇有效风压与安设辅扇巷道的断面成反比，故辅扇应安设在巷道平直、断面较大的地方，且为减少辅扇出口动压损失尽量安在巷道中央。

3）无风墙辅扇只靠动压做功，能力较小，若巷道风阻较大时，风机附近可能出现循环风。因此，无风墙辅扇在两并联风道需要调节的阻力差值较小时使用较为适宜。

B 利用自然风压的调节法

由于通风网路的进风道和回风道不可能全部都分布在同一水平上，因而自然风压的作用在矿井中是普遍存在的。当需要增大一个风道中的风量时，在条件允许时可在进风道中设置水幕或利用井巷淋水冷却空气，以增大进风风流的空气密度；在回风道最低处可利用地面锅炉余热来提高回风流气温，以减小回风井风流的空气密度。由此可使该风道中的自然风压增大，在自然风压帮助下，该风道的风量会相应增大。

当然，自然风压调节风量的作用是很小的。但能在风道实施喷淋和设置水幕净化风流的同时提高该风道中的自然风压，从而提高通过该风道的风量，是值得优先考虑的。

C 增能调节法特点

增能调节法的优点是使用简便、易行，并能降低矿井总阻力，从而增大了矿井总风量。但管理复杂，安全性差，尤其是使用不当时容易造成循环风流，在有爆炸性气体的矿山使用较危险。此外，还增加了辅助扇风机的购置费、安装费和电费，带风墙的辅扇调节法还有绕道的开掘费等。因此，增能调节法只有在需要调节的并联风道阻力相差悬殊、矿井主要通风机能力不能满足较大阻力风道用风量要求时才使用。

7.3.1.4 几种风量调节法调节效果的比较

图 7-13 表示三种主要风量调节方法的风量变化情况。横坐标表示一条风路风量增加的百分数，纵坐标表示另一风路风量减少的百分数。图中曲线 b 为减阻调节，曲线 c 为辅扇调节，两曲线效果基本相同，其风量增加的百分数大于风量减少的百分数，总风量有所增加，但减阻调节有一定限度。曲线 a 为增阻（风窗）调节的效果，它表明一条风

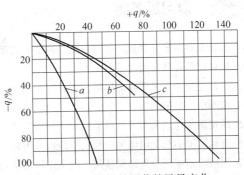

图 7-13 三种风量调节的风量变化
a—增阻；b—减阻；c—辅扇

路风量增加不多，而另一条风路风量减少得大，所以风窗调节的效果不如其他两种方法。

7.3.2　矿井总风量的调节

当矿井（或一翼）总风量不足或过剩时，需调节总风量，也就是调整主扇风机的工况点。

采取的措施是：改变主扇风机的工作特性，或改变矿井通风系统的总风阻。

7.3.2.1　改变主扇风机的工作特性

通过改变主扇风机的叶轮转速、轴流式扇风机叶片安装角度和离心式风机前导器叶片角度等，可以改变扇风机的风压特性，从而达到调节扇风机所在系统总风量的目的，如图 7-14 所示。

7.3.2.2　改变矿井总风阻

（1）风硐闸门调节法。如果在扇风机风硐内安设调节闸门，通过改变闸门的开口大小可以改变扇风机的总工作风阻，如图 7-15 所示，从而调节扇风机的工作风量。

（2）降低矿井总风阻。当矿井总风量不足时，如果能降低矿井总风阻，则不仅可增大矿井总风量，而且可以降低矿井总阻力。

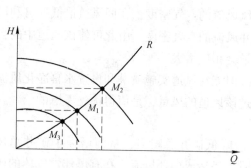

图 7-14　改变扇风机的风压特性曲线
调节矿井总风量

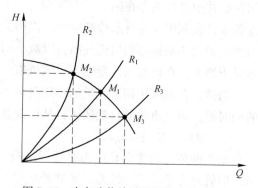

图 7-15　改变矿井总风阻调节矿井总风量

 复习思考题

7-1　为什么要对矿井通风网路进行风量调节？有哪几种风量调节法？

7-2　风窗调节在什么情况下使用？

7-3　要改变整个通风网路的风阻，改变哪一部分容易见效？

7-4　说明空气幕的用途。

7-5　风窗调节与辅扇调节两种不同的风量调节法在矿井通风能耗方面有何差别？

7-6　有风墙辅扇与无风墙辅扇的工作原理是否相同？试分析其优缺点及适用条件。

7-7　无风墙辅扇与空气幕风量调节的工作原理是否相同？试分析其优缺点及适用条件。

7-8　如何调节矿井总风量？

7-9　根据自己的理解，回答表 7-1 的有关问题。

表 7-1 题 7-9 表

现　象	危害作用	产生的原因	克服方法
串联风流			
漏风			
反转风流			
循环风流			

7-10 某巷道长度不变，欲使其风阻值 R 降低到 R'，若不改变巷道的支护形式，应把巷道断面扩大到多少？若不扩大巷道断面，而用改变巷道支护形式的措施，应把摩擦阻力系数降低到多少？

7-11 某巷道全长为 L，当将其中 l 段巷道长度上的摩擦阻力系数降到原来的 1/4，全巷道的通风阻力降到原来的 1/2，求 $\dfrac{l}{L}$ 等于多少？

7-12 有一并联通风系统如图 7-16 所示。已知 $Q_0 = 40\mathrm{m}^3/\mathrm{s}$、$R_1 = 1.21\mathrm{N} \cdot \mathrm{s}^2/\mathrm{m}^8$、$R_2 = 0.81\mathrm{N} \cdot \mathrm{s}^2/\mathrm{m}^8$。问：
(1) 巷道 1、2 中的风量如何分配？(2) 若巷道 1，2 所需风量分别为 $10\mathrm{m}^3/\mathrm{s}$ 和 $30\mathrm{m}^3/\mathrm{s}$ 时，如何调节？

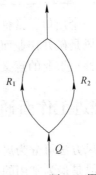

图 7-16 题 7-12 图

第8章　掘进工作面通风

【教学要求】　要求掌握局部扇风机、矿井总风压和引射器通风的方法，压入式、抽出式和混合式三种局部通风布置方式的技术要求，压入式通风与抽出式通风的适用条件；掌握根据不同需要掘进工作面风量的计算方法，风筒风阻的计算方法；正确选择局部扇风机和风筒，保证局部扇风机稳定可靠运转；了解局部扇风机的联合作业，可控循环通风，长距离掘进巷道的局部通风方法和特点。

【学习方法】　要理论结合实际，熟悉一些局部通风设备的产品及其技术参数；可结合现场实习过程参观矿井掘进面局部通风的布置并加以评价和讨论，加深对所学知识的理解。

掘进井巷时，这些井巷一般只有一个出口，常称为独头巷道。对独头巷道的通风称为掘进通风或局部通风。掘进工作面通风是矿井作业面通风的重点和难点，搞好掘进面通风对保障掘进面作业人员安全健康具有特别重要的意义。

8.1　掘进工作面通风方法

按通风动力形式的不同，掘进通风方法可分为局部扇风机通风、矿井总风压通风和引射器通风三种。其中，局部扇风机通风是最为常用的一种掘进通风方法。

8.1.1　局部扇风机通风

利用局部扇风机作动力，通过风筒导风把新鲜风流送入掘进工作面的通风方法称为局部扇风机通风。局部扇风机通风按其工作方式不同又分为压入式、抽出式和混合式三种。

8.1.1.1　压入式通风

如图 8-1 所示，局部扇风机和启动装置安设在离掘进巷道口 10m 以外的进风侧巷道中，扇风机把新鲜风流经风筒压送到工作面，而污浊空气沿巷道排出。通风时，气流贴着巷道壁从风筒出口射出后形成的射流属于有限贴壁射流（见图 8-2）。离开风筒出口后的有限贴壁射流，由于卷吸作用，其射流断面逐渐扩张，直至射流的断面达到最大值，此段称为扩张段。之后，射流的断面逐渐减少，直到为零，此段称为收缩段。有限贴壁射流的有效射程为：

$$L_s = (4 \sim 5)\sqrt{S}$$

$$(8-1)$$

式中　L_s——射流的有效射程，即从风筒出口至射流反向的最远距离，m；

S——掘进巷道的净断面积，m^2。

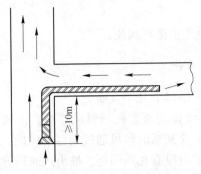

图 8-1 压入式通风

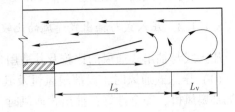

图 8-2 有限贴壁射流的有效射程和涡旋扰动区

在射流的有效射程 L_s 以外，还存在着一个由射流反向流动引起的循环涡流区，以 L_v 表示其长度。在此区域内，大部分空气沿巷道周壁流动，其范围在光滑巷道中 $L_v = 2.5\sqrt{S}$。如果风筒口距工作面更远，还可出现第二个循环涡流区。由于循环涡流区的空气不能被排出，所以，为了有效地排出掘进工作面的粉尘和炮烟等，风筒出口到掘进工作面的距离必须小于 L_s。

此外，压入式通风还要求 $Q_局 \leqslant 0.7Q_巷$（$Q_局$、$Q_巷$ 分别为局扇以及其所在巷道的风量），以避免产生循环涡流风。

8.1.1.2 抽出式通风

如图 8-3 所示，局部扇风机和启动装置安设在离掘进巷道口 10m 以外的回风侧，新鲜风流沿掘进巷道流入工作面，而污风经风筒由局部扇风机抽出。通风时，在风筒吸入口附近形成一股流入风筒的风流，离风筒口越远风速越小。所以，只有在距风筒口一定距离以内才有吸入炮烟的作用，此段距离称为有效吸程，如图 8-4 所示。

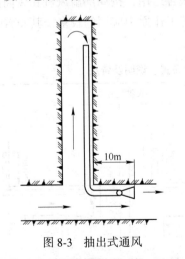

图 8-3 抽出式通风

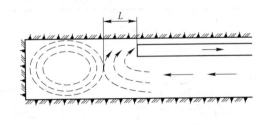

图 8-4 抽出式通风的有效吸程

在巷道边界条件下，有效吸程 L_e 一般计算式为（8-2）：

$$L_e = 1.5\sqrt{S} \tag{8-2}$$

在有效吸程 L_e 以外的区域，空气成为循环涡旋。由于循环涡流区的空气不能被排出，所以，为了有效地排出掘进工作面的粉尘和炮烟等，风筒吸口到掘进工作面的距离必须小

于 L_e。

同样，抽出式通风也要求 $Q_局 \leq 0.7 Q_巷$，以避免产生循环风流。

8.1.1.3　压入式与抽出式通风的比较及其适用条件

压入式与抽出式通风的比较及其适用条件主要包括以下几个方面。

（1）压入式通风时，局部扇风机及其附属电气设备均布置在新鲜风流中，污风不通过局部扇风机，安全性好；抽出式通风时，对于煤矿含瓦斯的污风通过局部扇风机，若局部扇风机不具备防爆性能，则是非常危险的。非煤矿山没有瓦斯问题，抽出式通风方式应用非常普遍，局扇也不需要具备防爆性能。

（2）压入式通风时，风筒出口风速大，有效射程远，排烟效果好，工作面排污所需的通风时间短，且因风速较大排热效果也较好；但污风沿整个巷道缓慢排出，污染范围广，劳动条件差，巷道排污所需的通风时间长。抽出式通风时，风筒吸入口有效吸程小，掘进施工中难以保证风筒吸入口到工作面的距离在有效吸程之内；与压入式通风相比，抽出式风量小，工作面排污所需的时间长；然而，抽出式通风时新鲜风流沿巷道进入工作面，整个巷道空气清新，劳动环境好，且受污风污染的巷道长度仅为工作面至风筒吸口的长度，污风污染巷道长度短，巷道排污所需的通风时间短。

（3）压入式通风可使用柔性风筒，其成本低、质量轻、安装与运输也方便，且由于 $p_内 > p_外$（$p_内$、$p_外$ 分别为风筒内和外的静压），风筒漏风对巷道也有一定的排污作用。而抽出式通风的风筒承受负压作用，必须使用刚性或带刚性骨架的可伸缩风筒，成本高，质量大，安装与运输也不方便。

8.1.1.4　混合式通风

混合式通风是压入式和抽出式两种通风方式的联合运用，按局部扇风机和风筒的布设位置，分为长压短抽和长抽短压。混合式通风在掘进工作面中应用的较多，其布置方式和有关说明、优缺点见表 8-1。

表 8-1　掘进工作面中混合式通风的布置、说明及特点

	长压短抽	长抽短压	
		前压后抽	前抽后压
布置图			
说明	以压入式通风为主，靠近工作面一段用抽出式通风，抽出式通风要配备除尘装置，风筒重叠段风速 $v > 0.5 \text{m/s}$（排瓦斯），或 $v > 0.15 \text{m/s}$（排尘）	以抽出式通风为主，靠近工作面设一段用压入式通风，压入风筒靠近工作面，抽出风筒口在压入风筒的后面，不需配备除尘装置	以抽出式通风为主，抽出风筒口靠近工作面，巷道中设一段压入式风筒，该风筒出口在抽出的后面

续表 8-1

长压短抽	长抽短压	
	前压后抽	前抽后压
主要使用柔性风筒，成本低。除尘器随风筒常移动，且增大抽出式通风的通风阻力，除尘效果差时（微细尘粒）可使巷遭受到一定程度的污染	不需配备除尘装置，不会增加通风阻力，能解决巷道污染问题，整个巷道通风状况较好；抽出式风筒要用带刚性骨架的柔性风筒（KSS型风筒）或硬风筒，成本高	工作面污染范围较短，但清洗工作面炮烟的能力较差，其他优缺点与前压后轴的优缺点相同

（优缺点行标题：优缺点）

8.1.1.5　可控循环通风

如图 8-5 所示，当压入式局部扇风机的吸入风量既大于矿井总风压供给设置压入式局扇巷道的风量时，又大于抽出式局部扇风机的风量，则从掘进工作面排出的部分污浊风流，会再次经压入式局部扇风机送往用风地点，故称其为循环风。循环通风按是否掺有适量外界新风又分为可控制循环通风（也称为开路循环通风）和闭路循环通风。掺有适量外界新风的循环通风称为可控制循环通风，而不掺有外界新风的循环通风称为闭路循环通风。

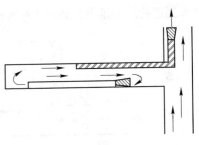

图 8-5　可控循环通风

当使用闭路循环通风系统时，因无任何出口，在封闭的循环区域中的有毒有害物质浓度必然会越来越大。因此，如果没有可靠的气体净化装备，要严禁采用。

如果循环通风是在一个敞开的区域内，且适量的新鲜风流连续不断地掺入到循环风流中。理论与实践证明，这部分有控制的循环风流中的污染物浓度仅仅取决于该地区内污染物的产生率及流过该地区的新鲜风量的大小，故循环区域中任何地点的污染物浓度，都不会无限制地增大，而是趋于某一限值。

可控循环局部通风具有如下的优点：（1）采用混合式可控循环通风时，掘进巷道风流循环区内侧的风速较高，避免了有毒有害气体的积累，同时也降低了等效温度，改善了掘进巷道中的气候条件；（2）当在局部通风机前配置除尘器时，可降低矿尘浓度；（3）在供给掘进工作面相同风量条件下，可降低通风能耗。可控循环局部通风的缺点是：（1）对于煤矿，由于流经局部扇风机的风流中含有一定浓度的瓦斯和粉尘，必须应用防爆除尘扇风机；（2）循环风流通过运转扇风机后得到了不同程度的加热，再返回掘进工作面，使工作面温度上升；（3）当工作面附近发生火灾时，烟流会返回掘进工作面，故安全性差，抗灾能力弱。故要求有循环风流通过的局部扇风机在掘进工作面灾变时，必须能及时进行控制，以停止循环通风，恢复常规通风。

综上所述，对使用可控循环通风提出下列要求。

（1）在可控循环通风系统中，必须装有毒有害气体、瓦斯、风量、粉尘等自动监测装置及可靠的报警装置，同时还必须进行常规环境检测分析。

（2）对循环扇风机实现自动开关和风量控制。对使用可控循环风的混合式通风，抽出式与压入式的两台扇风机间须设闭锁装置，保证主要的局部扇风机启动后，有循环风通过的局部扇风机再启动，以免形成闭路循环风流。同时必须适当地控制抽出式与压入式两台局部扇风机的风量比，以获得可控循环通风的最佳除尘和降温效果。

8.1.2　矿井总风压通风

矿井总风压通风是利用矿井主要扇风机的风压，借助导风设施把主导风流的新鲜空气引入掘进工作面。其通风量取决于可利用的风压和风道风阻。按其导风设施不同可分为：风筒导风、平行巷道导风、钻孔导风和风幛导风。

8.1.2.1　风筒导风

在巷道内设置挡风墙截断主导风流，用风筒把新鲜空气引入掘进工作面，污浊空气从独头掘进巷道中排出，如图8-6所示。

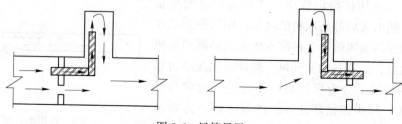

图 8-6　风筒导风

此种方法辅助工程量小，风筒安装和拆卸比较方便，通常用于需风量不大的短巷掘进通风中。

8.1.2.2　平行巷道导风

如图8-7所示，在掘进主巷的同时，在附近与其平行掘一条配风巷，每隔一定距离在主巷和配巷间开掘联络巷，形成贯穿风流，当新的联络巷沟通后，旧联络巷即封闭。两条平行巷道的独头部分可用风幛或风筒导风，巷道的其余部分用主巷进风，配巷回风。

此法常用于当运输、通风等需要开掘双巷时，也常用于解决长距离巷道掘进时通风的困难。

8.1.2.3　钻孔导风

离地表或邻近水平巷道较近处掘进长距离巷道时，可用钻孔提前将掘进巷道与地表或邻近水平巷道沟通，以便形成贯穿风流。为增大风量，还可利用大直径钻孔或在钻孔口安装扇风机，如图8-8所示。

8.1.2.4　风幛导风

如图8-9所示，在巷道内设置纵向风幛，把风幛上游一侧的新风引入掘进工作面，清洗工作面后的污风从风幛下游一侧排出。根据建筑的材料不同，风幛可分为砖风幛、木板风幛和柔性（帆布、塑料布等）风幛等。这种导风方法，构筑和拆除风幛的工程量大。适用于短距离或无其他合适方法可用时采用。

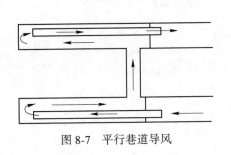

图 8-7 平行巷道导风

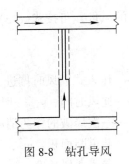

图 8-8 钻孔导风

8.1.3 引射器通风

利用引射器产生的通风负压，通过风筒导风的通风方法称引射器通风。引射器通风一般都采用压入式，如图 8-10 所示。

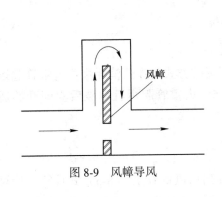

图 8-9 风幛导风

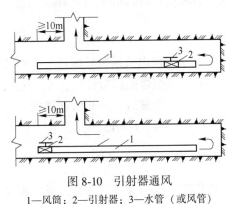

图 8-10 引射器通风
1—风筒；2—引射器；3—水管（或风管）

为了加大供风量和送风距离，除了提高引射器的射流压力外，还可采取多台引射器分散串联作业。两台引射器串联间距至少应大于其引射流场的影响长度。

引射器通风的优点是：无电气设备，无噪声，具有降温、降尘作用。在煤矿瓦斯突出严重的煤层掘进时，用它代替局部扇风机通风，设备简单，安全性较高。其缺点是：风压低，风量小，效率低，水力引射器还存在巷道积水问题。

8.2 掘进工作面风量计算

掘进工作面污浊空气的主要成分是爆破后的炮烟、凿岩粉尘以及各种作业工序所产生的有毒有害气体，故局部扇风机通风所需风量也就以排出炮烟、有害气体和粉尘作为计算依据，同时还应考虑柴油设备产生的热量排出问题。对于煤矿掘进面，所需风量计算首先要考虑瓦斯排出问题。

8.2.1 按排除炮烟计算所需风量

8.2.1.1 压入式通风

当风筒出口到掘进工作面的距离 $L_p \leq L_s = (4 \sim 5)\sqrt{S}$ 时，掘进工作面所需风量（即风筒出风口的风量）可按式(8-3)计算。

$$Q_p = \frac{7.8}{t} \sqrt[3]{AS^2L^2} \tag{8-3}$$

式中　Q_p——压入式通风时掘进工作面所需风量，m^3/s；

　　　　t——通风时间，s，一般取 $1200 \sim 1800s$；

　　　　A——一次爆破的炸药消耗量，kg；

　　　　S——巷道断面积，m^2；

　　　　L——巷道通风长度，m。

8.2.1.2　抽出式通风

当风筒出口到掘进工作面的距离，$L_p \leqslant L_e = 1.5\sqrt{S}$ 时，掘进工作面所需风量（即风筒入风口的风量）可按式(8-4)计算。

$$Q_e = \frac{18}{t} \sqrt{ASL_t} \tag{8-4}$$

式中　Q_e——抽出式通风时掘进工作面所需风量，m^3/s；

　　　　L_t——炮烟抛掷带长度，m，其大小取决于爆破方式及炸药消耗量：电雷管起爆且爆破后立即开始通风时，$L_t = 15 + A/5$，火雷管起爆且爆破后立即开始通风时，$L_t = 15 + A$。

8.2.1.3　混合式通风

在长抽短压混合式布置时，压入式扇风机风筒出口风量 Q_p 按（8-3）式计算，计算中 L 取抽出式风筒出风口或压入式风筒入风口到掘进工作面的距离。为了防止循环风和维持风筒重叠段巷道内具有最低的排尘或稀释瓦斯风速，则抽出式风筒入风口风量 Q_e 应大于压入式风筒出风口风量 Q_p，即：

$$Q_e = (1.2 \sim 1.25)Q_p \tag{8-5}$$
$$Q_e = Q_p + 60vS_1 \tag{8-6}$$

式中　v——风筒重叠段巷道的最低排尘风速，一般为 $0.15 \sim 0.25m/s$，稀释沼气的最低风速为 $0.5m/s$；

　　　　S_1——风筒重叠段的巷道面积，m^2。

在长压短抽混合式布置时，抽出式扇风机风筒入口风量 Q_e 按（8-4）式计算。为了防止循环风和维持风筒重叠段巷道内具有最低的排尘或稀释瓦斯风速，则压入式风筒的出风口风量 Q_p 应大于抽出式风筒入风口风量 Q_e，即：

$$Q_p = (1.2 \sim 1.25)Q_e \tag{8-7}$$
$$Q_p = Q_e + 60vS_1 \tag{8-8}$$

8.2.2　按排出瓦斯计算所需风量

$$Q_w = \frac{100K_qQ_q}{C_P - C_i} \tag{8-9}$$

式中　Q_w——排出掘进工作面瓦斯所需风量，m^3/s；

　　　Q_q——掘进巷道平均瓦斯涌出量，m^3/s；

　　　K_q——瓦斯涌出不均衡系数，取 1.5~2.0；

　　　C_p——掘进井巷回风流中瓦斯最高允许浓度，%；

　　　C_i——掘进井巷进风流中的瓦斯浓度，%。

8.2.3　按矿尘浓度不超过允许浓度计算所需风量

按照风流的稀释作用，风流中保证矿尘浓度不超过允许浓度的风量可按式(8-10)计算：

$$Q_d = \frac{E}{G_p - G_i} \qquad (8\text{-}10)$$

式中　Q_d——稀释掘进工作面粉尘不超过允许浓度所需风量，m^3/s；

　　　E——掘进巷道的产尘量，mg/s；

　　　G_p——最高允许含尘量，当矿尘中含游离 SiO_2 达到或超过 10% 时为 $2mg/m^3$，当矿尘中含游离 SiO_2 小于 10% 时为 $10mg/m^3$；

　　　G_i——进风流中含尘量，一般要求不超过 $0.5mg/m^3$。

8.2.4　按最低排尘或排瓦斯风速计算风量

$$Q_0 = v_0 S \qquad (8\text{-}11)$$

式中　Q_0——排出掘进工作面粉尘或瓦斯所需风量，m^3/s；

　　　v_0——最低排尘或排瓦斯风速，岩石巷道按排尘确定为 0.15m/s，半煤岩巷或煤巷按不能形成瓦斯层的最低风速确定为 0.25m/s。

8.2.5　按排出柴油机废气中的有害成分和热量计算所需风量

柴油设备具有生产能力大、效率高和机动灵活等优点，在金属矿山得到了广泛的应用。由于柴油设备排出大量的废气和热量，因此矿井通风风量应能满足将柴油设备所排出的废气中有害成分稀释至允许浓度以下、将柴油设备所排出的热量全部带走的要求。

8.2.5.1　按稀释柴油设备排出的有害成分不超过允许浓度计算所需风量

柴油设备所排放的废气成分很复杂，所包含的有害成分有氮氧化合物、含氧碳氢化合物、低碳化合物、硫的化合物、碳氧化合物、油烟等，其主要成分是一氧化碳和氮氧化合物。按照风流的稀释作用，风流中保证柴油设备所排出的有害成分不超过允许浓度的风量可按式(8-12)计算：

$$Q_c = E_c / G_c \qquad (8\text{-}12)$$

式中　Q_c——稀释掘进工作面柴油设备所排放的有害成分不超过允许浓度所需的风量，m^3/s；

　　　E_c——柴油设备有害成分的平均排放量，mg/s；

　　　G_c——有害成分的最高允许浓度，一氧化碳的 $G_c = 30mg/m^3$，氮氧化合物的 $G_c = 5mg/m^3$。

8.2.5.2　按带走柴油设备所排出的热量计算所需风量

$$Q_r = q_r N_r \tag{8-13}$$
$$N_r = N_1 K_1 + N_2 K_2 + \cdots + N_n K_n \tag{8-14}$$

式中　　　Q_r——带走掘进工作面柴油设备所排放的热量所需的风量，m^3/s；

　　　　　q_r——带走柴油设备单位功率产生的热量所需的风量，$q_r = 0.06 \sim 0.07 m^3/(s \cdot kW)$；

　　　　　N_r——所有柴油设备的总功率，kW；

$N_1, N_2, \cdots, N_n$——各种柴油设备的额定功率，kW；

$K_1, K_2, \cdots, K_n$——各种柴油设备实际运转时间占总工作时间的比例。

8.2.6　按巷道最高风速进行验算

在岩巷、半煤岩和煤巷中，最高允许风速为 4m/s。因此，上述各式分别计算出来的 Q_p（或 Q_e）、Q_w、Q_d、Q_o、Q_c 和 Q_r 中，应选择其中的一个最大者 Q_{max} 进行最高风速验算，若符合要求，该 Q_{max} 就是井巷掘进工作面的合理需风量；若不符合要求，就要进行重新设计和计算。

8.3　局部通风设备

局部通风设备是由局部通风动力设备（包括局部扇风机、引射器）、风筒及其附属装置组成。

8.3.1　风筒

风筒是最常见的导风装置。对风筒的基本要求是漏风小、风阻小、质量轻、拆装简便。

8.3.1.1　风筒的种类

风筒按其材料力学性质可分为刚性和柔性两种。刚性风筒是用金属板或玻璃钢制成。常用的铁风筒规格如表 8-2 所示。玻璃钢风筒比金属风筒轻便、抗酸和碱的腐蚀性强以及

表 8-2　铁风筒规格参数

风筒直径/mm	风筒节长/m	壁厚/mm	垫圈厚/mm	风筒质量/kg·m⁻¹
400	2, 2.5	2	8	23.4
500	2.5, 3	2	8	28.3
600	2.5, 3	2	8	34.8
700	2.5, 3	2.5	8	46.1
800	3	2.5	8	54.5
900	3	2.5	8	60.8
1000	3	2.5		68.0

摩擦阻力系数小。柔性风筒是应用更广泛的一种风筒，通常用橡胶、塑料制成。常用的胶布风筒规格如表8-3所示。其最大优点是轻便、可伸缩、折装运搬方便。

表 8-3　胶布风筒规格参数

风筒直径/mm	风筒节长/m	壁厚/mm	风筒断面/m²	风筒质量/kg·m⁻¹
300	10	1.2	0.071	1.3
400	10	1.2	0.126	1.6
500	10	1.2	0.196	1.9
600	10	1.2	0.283	2.3
800	10	1.2	0.503	3.2
1000	10	1.2	0.785	4.0

随着大断面巷道机械化掘进的增多，混合式通风除尘技术得到了广泛应用，为了满足抽出式通风的要求，目前有用金属螺旋弹簧钢丝为整体骨架的可伸缩风筒，如图8-11 (a) 所示。它可承受一定的负压，具有伸缩的特点，比铁风筒质量轻，使用方便。

矿山常用的风筒直径有300mm、400mm、500mm、600mm和800mm等规格。随着开采规模和井巷断面的增大，如果允许，应尽力采用较大直径的风筒，大直径风筒的通风效果好、单位通风量能耗低。

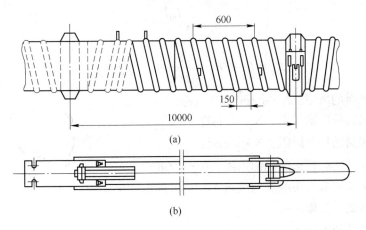

图 8-11　可伸缩风筒
(a) 可伸缩风筒；(b) 快速接头软带

8.3.1.2　风筒的接头

刚性风筒一般采用法兰盘连接方式。柔性风筒的接头方式有插接 [图8-11(b)]、单反边接头（图8-12）、双反边接头（图8-13）、活三环多反边接头、螺圈接头等多种形式。插接方式最简单，但漏风大。反边接头漏风较小，不易胀开，但局部风阻较大。后两种接头漏风小、风阻小，但易胀开，拆装比较麻烦，通常在长距离掘进通风时采用。

8.3.1.3　风筒的风阻

风筒的风阻由摩擦风阻和局部风阻组成。

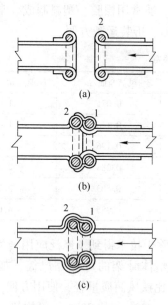

图 8-12　单反边接头
1，2—铁环

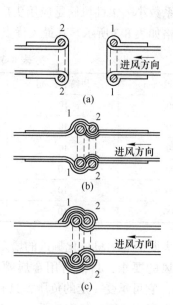

图 8-13　双反边接头
1，2—铁环

$$R = R_f + R_e \tag{8-15}$$

$$R_f = \alpha \frac{L_0 P}{S^3} \tag{8-16}$$

$$R_e = R_a + R_b = \frac{\rho}{2S^2}\left(n\xi_a + \sum_{j=1}^{k} \xi_{bj}\right) \tag{8-17}$$

式中　R——风筒的风阻，$N \cdot s^2/m^8$；

　　　R_f——风筒的摩擦风阻，$N \cdot s^2/m^8$；

　　　R_e——风筒的局部风阻，$N \cdot s^2/m^8$；

　　　R_a——风筒所有接头的局部风阻，$N \cdot s^2/m^8$；

　　　R_b——风筒所有弯头的局部风阻，$N \cdot s^2/m^8$；

　　　L_0——风筒的长度，m；

　　　S——风筒的断面积，m^2；

　　　P——风筒的断面周长，m；

　　　α——风筒的摩擦阻力系数 $N \cdot s^2/m^4$；

　　　ρ——空气密度，kg/m^3；

　　　n——风筒的接头数；

　　　ξ_a——风筒的接头局部阻力系数；

　　　ξ_{bj}——风筒第 j 个弯头的局部阻力系数；

　　　k——风筒的弯头数。

将式(8-16)和式(8-17)代入式(8-15)得：

$$R = \alpha \frac{L_0 P}{S^3} + \frac{\rho}{2S^2}\left(n\xi_a + \sum_{j=1}^{k} \xi_{bj}\right) \tag{8-18}$$

对于圆形风筒，$R_{\rm f} = \alpha \dfrac{L_0 P}{S^3} = \dfrac{64\alpha L_0}{\pi^2 D^5}$，因此

$$R = \frac{64\alpha L_0}{\pi^2 D^5} + \frac{\rho}{2S^2}\left(n\xi_{\rm a} + \sum_{j=1}^{k}\xi_{\rm bj}\right) \qquad (8\text{-}19)$$

式中　D——风筒的直径，mm。

A　风筒的摩擦阻力系数

同直径的刚性风筒，α 值可视为常数。金属风筒的 α 值可按表 8-4 选取，玻璃钢风筒的 α 值可按表 8-5 选取。

柔性风筒和带刚性骨架柔性风筒的摩擦阻力系数皆与其壁面承受的风压有关。柔性风筒随压入式通风风压的提高而鼓胀，其 α 略有减小；对 KSS600-X 型带刚性骨架的塑料风筒的测定表明，带刚性骨架的塑料风筒的 α 值随抽出式通风负压的增大而略有增大。

表 8-4　金属风筒摩擦阻力系数

风筒直径/mm	200	300	400	500	600	800
$\alpha \times 10^4/\rm N \cdot s^2 \cdot m^{-4}$	49	44.1	39.2	34.4	29.4	24.5

表 8-5　JZK 系列玻璃钢风筒摩擦阻力系数

风筒型号	JZK-800-42	JZK-800-50	JZK-700-36
$\alpha \times 10^4/\rm N \cdot s^2 \cdot m^{-4}$	19.6~21.6	19.6~21.6	19.6~21.6

B　风筒的接头局部阻力系数

当金属风筒用法兰盘连接，内壁较光滑时，$\xi_{\rm a}$ 可以忽略不计。而柔性风筒的接头套圈向内凸出，风压大，风筒壁鼓胀，则套圈向内凸出就越多，其 $\xi_{\rm a}$ 也就越大。带刚性骨架的柔性风筒采用图 8-11(b) 所示的快速接头软带时，其 $\xi_{\rm a}$ 随压力增大而略有减少。

在实际应用中，风筒风阻除与长度和接头等有关外，还与风筒的吊挂、维护等管理质量密切相关，很难用式(8-18) 或式(8-19) 进行精确计算，一般都根据实测风筒百米风阻（包括摩擦风阻和局部风阻）作为衡量风筒管理质量和设计的数据。表 8-6 是开滦某矿和重庆煤科分院实测的风筒百米风阻值的结果。

表 8-6　开滦某矿和重庆煤科分院实测的风筒百米风阻值

风筒类型	风筒直径/mm	接头方法	百米风阻/$\rm N \cdot s^2 \cdot m^{-8}$	备　注
胶布风筒	400	单反边	131.32	10 米节长
	400	双反边	121.72	10 米节长
	500	多反边	54.20	50 米节长
	600	双反边	23.33	10 米节长
	600	双反边	15.88	30 米节长

当缺少实测资料时，胶布风筒的摩擦阻力系数 α 与百米风阻（吊挂质量一般）R_{100} 可参用表 8-7 所列数据。

表 8-7　胶布风筒的摩擦阻力系数与百米风阻值

风筒直径/mm	300	400	500	600	700	800	900	1000
$\alpha \times 10^4 / \text{N} \cdot \text{s}^2 \cdot \text{m}^{-4}$	53	49	45	41	38	32	30	29
$R_{100} / \text{N} \cdot \text{s}^2 \cdot \text{m}^{-8}$	412	314	94	34	14.7	6.5	3.3	2.0

8.3.1.4　风筒的漏风

正常情况下，金属和玻璃钢风筒的漏风，主要发生在接头处，胶布风筒不仅在接头处而且在全长的壁面和缝合针眼处都漏风，所以风筒漏风属连续的均匀漏风。漏风使局部扇风机风量 Q_a（即风筒与扇风机连接端风量，又称风筒始端风量）与掘进工作面获得的风量 Q_h（即风筒靠近工作面一端的风量，又称风筒末端风量）不等。因此，用风筒始、末两端风量的几何平均值作为通过风筒的平均风量 Q，即：

$$Q = \sqrt{Q_a Q_h} \tag{8-20}$$

显然 Q_a 与 Q_h 之差就是风筒的漏风量 Q_L，它不仅与风筒种类、接头数目、接头方法、质量、风筒直径以及风压等有关，更是与风筒的维护和管理密切相关。反映风筒漏风程度的指标参数主要有漏风率、有效风量率和风筒漏风的备用系数。

A　风筒的漏风率

风筒的漏风量占局部扇风机工作风量的百分数称为风筒的漏风率，用 η_L 表示。

$$\eta_L = \frac{Q_L}{Q_a} \times 100\% = \frac{Q_a - Q_h}{Q_a} \times 100\%$$

η_L 虽能反映风筒的漏风情况，但不能作为对比指标。常用的是风筒的百米漏风率 η_{L100} 这个指标。

$$\eta_{L100} = \frac{\eta_L}{L_0} \tag{8-21}$$

一般柔性风筒的百米漏风率可从表 8-8 的现场实测数据中查取。使用中，一般柔性风筒的百米漏风率应符合表 8-9 的数值。

表 8-8　柔性风筒百米漏风率

风筒接头类型	η_{L100} /%
胶接	0.1~0.4
双反边	0.6~4.4
多层反边	3.05
插接	12.8

表 8-9　柔性风筒的百米漏风率应符合的标准

通风距离/m	<200	200~500	500~1000	1000~2000	>2000
η_{L100} /%	<15	<10	<3	<2	<1.5

B　风筒的有效风量率

掘进工作面获得的风量 Q_h 占局部扇风机工作风量 Q_a 的百分数，称为风筒的有效风量

率 P_e。

$$P_e = \frac{Q_h}{Q_a} \times 100\% = \frac{Q_a - Q_L}{Q_a} \times 100\% = (1 - \eta_L) \times 100\% \qquad (8-22)$$

C 风筒漏风的备用系数

风筒有效风量率的倒数，称为风筒漏风的备用系数（ψ），即：

$$\psi = Q_a/Q_h = 1/P_e \qquad (8-23)$$

风筒漏风的备用系数 ψ 是大于 1 的系数，它越大表明风筒漏风越严重。

金属风筒的漏风主要发生在连接处。若把风筒的漏风看成是连续的，且漏风状态是紊流，金属风筒的漏风备用系数 ψ 值可按式（8-24）计算：

$$\psi = \left(1 + \frac{1}{3}KDn\sqrt{R_0 L_0}\right)^2 \qquad (8-24)$$

式中　K——相当于直径为 1m 的金属风筒每个接头的漏风率，与风筒的连接质量和方式有关，如插接时 $\psi = 0.0026 \sim 0.0032$ m³/s·Pa$^{1/2}$，法兰盘连接用草绳垫圈时 $\psi = 0.002 \sim 0.0026$m³/s·Pa$^{1/2}$，法兰盘连接用胶质垫圈时 $\psi = 0.003 \sim 0.0016$ m³/s·Pa$^{1/2}$；

　　　　n——风筒的接头数；

　　　　R_0——每米风筒的风阻，N·s²/m⁸。

柔性风筒不仅接头漏风，在风筒全长上都有漏风，漏风量随风筒内风压增大而增大。将式(8-21)和式(8-22)代入式(8-23)，得柔性风筒的 ψ 值计算公式为：

$$\psi = \frac{1}{1 - \eta_L} = \frac{1}{1 - \eta_{L100}\dfrac{L_0}{100}} \qquad (8-25)$$

柔性风筒的漏风若仅考虑接头漏风而忽略在风筒全长其它各处的漏风，$\eta_L \approx n\eta_j$，将其代入式（8-25）得柔性风筒 ψ 值的近似计算公式为

$$\psi = \frac{1}{1 - n\eta_j} \qquad (8-26)$$

式中　η_j——柔性风筒每个接头的漏风率，插接时 $\eta_j = 0.01 \sim 0.02$，螺圈反边接头时 $\eta_j = 0.005$。

8.3.1.5　风筒的安装与管理

风筒的安装与管理要注意以下几个特点。

（1）适当增加风筒节长，减少接头数目，降低风筒的局部风阻和漏风。

（2）风筒悬吊要平、直、稳、紧，逢环必吊，缺环必补，防止急拐弯。风机稳装、悬吊要与风筒保持平直。风机与风筒直径不同时，要用异径缓变接头连接。

（3）采用有接缝的柔性风筒时，应粘补或灌胶封堵所有的缝合针眼，防止漏风。在每隔一定距离风筒上安装放水嘴，随时放出风筒中凝结的积水。

（4）局部通风机启动时，要开、停几次，以防止因突然升压而使风筒胀裂或脱节。

8.3.2　局部扇风机

井下局部地点通风所用的扇风机称为局部扇风机。掘进工作面通风要求局部扇风机体

积小、风压高、效率高、噪声低、性能可靠、坚固防爆。

8.3.2.1　局扇的选型

已知井巷掘进所需风量和所选用的风筒，即可求算出风筒的通风阻力。根据风量和风筒的通风阻力，在可供选择的各种局部扇风机中就可以选择出合适的局部扇风机。

局扇分轴流式和离心式两种。矿用局扇多为轴流式，这种局扇体积较小，效率较高，但噪声较大。煤矿多使用防爆型 JBT 系列轴流式局扇。我国目前生产的轴流式局扇有防爆型系列和非防爆型系列。在实际生产中，通常不进行局扇的选择计算，而是根据经验选取局部扇风机。表 8-10 为掘进工作面局部扇风机与风筒配套使用的经验数据。

表 8-10　局部扇风机和风筒配套经验数据

通风距离 /m	掘进工作面有效风量 /m³·min⁻¹	选用风筒 /mm	选用局部扇风机				备注
			BKJ 型	JBT 型	功率/kW	台数	
<200	60~70	385	BKJ60-NO4	JBT-41	2	1	
300	60~70	385	BKJ60-NO4	JBT-42	4	1	
<300	120	460~485	BKJ60-NO5	JBT-51	5.5	1	
300~500	60~70	460~485	BKJ60-NO5	JBT-51	5.5	1	
	120	460~485	BKJ60-NO5	JBT-52	11	1	
	120	600	BKJ60-NO5	JBT-51	5.5	1	节长 50m
500~1000	60~70	460~485	BKJ60-NO5	JBT-51	11	1	
	60~70	600	BKJ60-NO5	JBT-52	5.5	1	
	120	600	BKJ60-NO5	JBT-51	11	1	
>1000	60~70	600	BKJ60-NO5		11	1	
1500	250	800	BKJ60-NO5	JBT-52	28	1	
2000	500	1000	BKJ60-NO5		28	1	

注：表中 BKJ60 系列为防爆局扇，主要应用于煤矿。

8.3.2.2　局扇联合工作

如果通风距离较长或工作面需风量较大时，常出现一台局部扇风机工作风压或工作风量不能满足要求的情况，此时可选用两台或两台以上的局部扇风机进行联合作业。局部扇风机联合作业的方式有串联和并联两种。需要注意的是：无论局扇采用哪种联合作业方式都存在一定缺点，所以在一般情况下应尽量不用局扇串联或并联通风，应力求提高风筒制造和安装质量、加强管理、减少漏风，以充分发挥单台局扇的效能。

A　局部扇风机串联作业

当通风距离长，风筒风阻大，选择不到高风压的局部扇风机，而一台局部扇风机的工作风压又不能保证掘进工作面需风量时，可采用两台或多台局部扇风机串联作业。串联的方式有集中串联和间隔串联。若两台或多台局部扇风机之间仅用较短（1~2m）的铁风筒连接，称为集中串联，如图8-14（a）所示；若局部扇风机分别布置在风筒的端部和中部，则称为间隔串联，如图8-14（b）所示。

局部扇风机串联的布置方式不同，沿风筒的压力分布也不同。集中串联的风筒全长均应处于正压状态，以防柔性风筒被抽瘪。但靠近扇风机侧的风筒承压较高致使柔性风筒容易胀裂，且漏风较大。间隔串联的风筒承压较低，风筒漏风也较少。但当两台局部扇风机相距过远时，其连接风筒可能出现负压段，如图8-14（c）所示，使柔性风筒被抽瘪而不能正常通风。因此，两台局部扇风机间隔串联时，为保证不出现负压区，两台局部扇风机的串联间距不应超过风筒全长的三分之一，以尽量保证整列风筒均呈如图8-14（b）所示的正压状态。

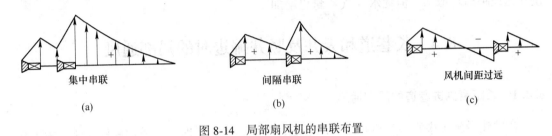

集中串联	间隔串联	风机间距过远
(a)	(b)	(c)

图8-14 局部扇风机的串联布置

B 局部扇风机并联

当风筒风阻不大，选择不到大风量的局部扇风机，而用一台局部扇风机又供风不足时，可采用两台或多台局部扇风机进行集中并联作业。

8.3.3 引射器

引射器是一种输送流体的装置，其原理如图8-15所示，由喷管1、混合管3及扩散器4所组成。高压流体从喷嘴2喷出形成射流，卷吸周围部分空气一起前进，在引射管内形成一个低压区，使被引射的空气连续被吸进，与射流共同进入混合管3，再经扩散器4流出，此过程称为引射作用。显然，引射作用的实质是高压射流将自身的部分能量传递给被引射的流体。

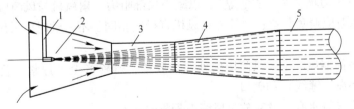

图8-15 引射器通风原理示意图
1—喷管；2—喷嘴；3—混合管；4—扩散器；5—风筒

引射器有水力引射器和压气引射器两种。水力引射器是以高压水为动力的，即流经喷嘴的是高压水。工作水压一般在1.5~3.0MPa，超过3.0MPa时经济效益差，低于0.5MPa时引射效果差。

压气引射器是以压缩空气为动力的，即流经喷嘴的是压缩空气。按照压气喷嘴的形式不同，压气引射器分为两种，一种是中心喷嘴式压气引射器（如图8-15所示），另一种是环隙式压气引射器。

环隙式压气引射器的喷头是一个环缝间隙。在结构上，环隙式压气引射器有一个环形气室，在环形气室上留有环缝间隙，压气经过滤后，由进气管进入环形气室，从环隙喷头喷出，喷出的高压气流沿凸缘表面（相当于压气引射器的混合管）流动，并在凸缘表面附近产生负压区，使外界空气沿集风器（相当于压气引射器的引射管）流入，与高速射流混合后，通过扩散器，使动能大部分转化为压能，用以克服风筒阻力。环隙式引射器的工作气压一般在 0.4~0.5MPa，环缝间隙宽度为 0.09~0.15mm，引射风量为 40~140m³/min，通风压力为 255~1080Pa，耗气量 3~6m³/min。

引射器的引射特性与射流的压力及喷口的结构和大小有关。射流压力升高，引射的风量和送风距离均增加，但耗水（气）量也增加。

8.4　长巷道和天井及竖井掘进时的局部通风

8.4.1　长距离掘进巷道的局部通风

矿井建设施工中常要掘进长距离的巷道，掘进这类巷道时，多采用局扇通风。为了获得良好的通风效果，需要注意以下几方面的问题：

（1）通风方式要选择得当。长距离巷道掘进时，采用压入式通风，污风在巷道内流动时间长，受污染的范围大。在安全允许的条件下，应尽量采用混合式通风。

（2）采用局部扇风机联合作业。为克服风筒过大的风阻，可采用局扇串联作业。当风筒风阻不大而需风量较大时，也可采用局部扇风机并联通风。并联作业应根据风筒和扇风机的具体条件合理使用。

（3）条件许可时，尽量选用大直径的风筒，以降低风筒风阻，提高有效风量。也可采用单机双风筒并联通风。

（4）增加风筒的节长，改进接头方式，保证风筒的接头质量。减少节头数可减少接头风阻，改进接头方式和保证风筒的接头质量可减少风筒接头处的漏风。

（5）风筒悬吊力求"平、直、紧"，以减小局部阻力。扇风机与风筒应尽量安装在一条直线上，转弯时应避免急弯；风筒与扇风机直径应相同，不一致时应采用缓变直径的大小接头。

（6）减少风筒漏风。金属风筒接头处要加胶垫，螺栓齐全、拧紧。柔性风筒要粘补所有针眼（吊环鼻、缝线）和破口。

（7）风筒应设放水孔，及时放出风筒中凝集的积水。

（8）加强局扇和风筒的维修和管理，并实行定期巡回检查风筒状况的制度。

（9）利用钻孔配合局扇进行长距离巷道掘进时的通风。如图 8-16 所示，当掘进距离地表较近的长巷道时，可以借助钻孔通风，新鲜风由巷道进入，污风由安装在钻孔上的局扇抽至地面。

8.4.2　天井掘进时的局部通风

由于天井断面较小，且中间多布置放矿格间、梯子、风水管等，梯子上有安全棚子，放炮后炮烟多集中在天井最上部，这些都给通风带来困难。图 8-17 所示为掘进高度不大的天井通风方法（图 8-16）。

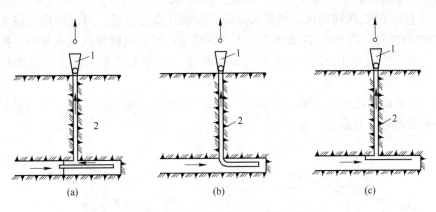

图 8-16　钻孔与局扇配合通风的三种方式
1—局扇；2—钻孔

多年来，我国矿山对天井掘进通风方法进行了很多研究，并取得显著成效。这些方法如下：

（1）风筒戴防护帽。如图 8-18 所示，由于风筒末端在安全棚之上，所以能够有效排出炮烟。

（2）风、水（或压气）混合式通风。如图 8-19 所示，在安全棚子上部设风水喷雾器，在安全棚子下部设抽出式风筒，构成混合式通风。

（3）用吊罐掘进天井时的通风。如图 8-20 所示，局扇安装在上部阶段水平巷道里，利用吊罐的大眼作抽出式通风，同时在吊罐底座下，面向天井四壁安装数个水喷雾器，在吊罐中冲洗井壁。

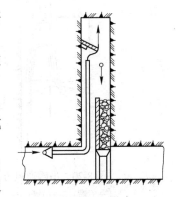

图 8-17　掘进高度不大的
天井通风方法

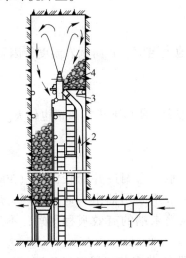

图 8-18　风筒戴防护帽的天井通风
1—扇风机；2—水筒；3—安全棚；4—防护帽

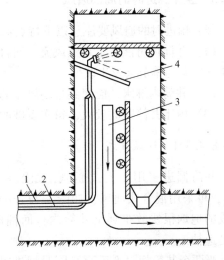

图 8-19　风、水（或压气）混合式通风
1—压气管；2—水绳；3—风筒；4—安全帽

　　（4）天井钻孔通风。在未掘进天井前先用钻机由下往上打大直径钻孔，将上下阶段贯通。掘进天井时可在上阶段安装局扇抽风，如图 8-21 所示。

　　（5）小直径 PVC 风筒通风。如果天井断面较小且高度较低，可以用强度较大的小直径 PVC 管作为风筒，将 PVC 管放到天井中，下端接小型鼓风机压风到天井中，排除天井中的污风。由于小直径 PVC 管几乎不占天井断面，强度大且重量轻，不易损坏，移动方便。

　　目前一些矿山采用天井钻机，从根本上改变了传统天井掘进的工艺，因而从根本上改变了天井掘进的通风方式。

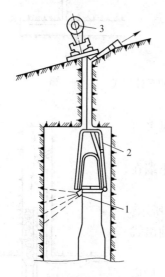

图 8-20　吊罐通风方法

1—喷嘴；2—吊罐；3—绞车

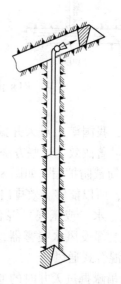

图 8-21　钻孔局部通风

8.4.3　竖井掘进时的局部通风

　　竖井掘进时的通风要注意以下特点：

　　（1）井筒内可能产生自然风流，而自然风流与地表温度、井筒围岩温度等因素有关，风流的方向随季节会发生改变。

　　（2）井筒内淋水，能起到带动风流的作用。

　　（3）由于井筒断面较大，每次爆破的炸药量也较大，所以要求的风量也较大。

8.4.3.1　通风方式

　　井筒掘进多用压入式通风，如图 8-22（a）所示。当掘进井筒较深时（300 m 以上），可采用混合式通风，如图 8-22（b）所示。一般不采用抽出式通风，因为爆破后形成的炮烟很快散布到全井筒内，而抽出式通风风筒末端的有效吸程很短，不易将炮烟迅速抽走。

　　当两个井筒相隔不远而又同时掘进时，可以在联络巷安装扇风机进行通风。图 8-23是扇风机的布置图。

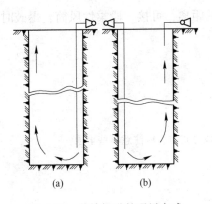

图 8-22　井筒掘进的通风方式

(a) 压入式；(b) 混合式

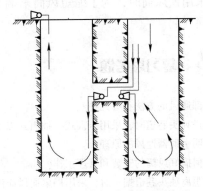

图 8-23　双井筒掘进时的通风方法

8.4.3.2　风量计算

在井筒掘进时，由于一次爆破炸药量较多，所以作业面所需风量按所需排出的炮烟计算风量，见式(8-27)。

压入式通风：

$$Q_p = \frac{19\psi}{t} \sqrt{ALS} \qquad (8-27)$$

式中　Q_p——作业面所需通风风量，m^3/s；

　　　　A——一次爆破的消耗的炸药量，kg；

　　　　S——井筒断面积，m^2；

　　　　L——井筒的深度，m；

　　　　t——通风时间，s；

　　　　ψ——考虑井筒淋水使炮烟浓度降低的系数，可从表 8-11 查出。

表 8-11　井筒淋水使炮烟浓度降低的系数

井筒淋水特征	ψ
井筒干燥或有淋水但井深小于 200m	1.00
井筒含水，井深大于 200m，涌水量小于 $6m^3/h$	0.85
井筒含水，井深大于 200m，降水如雨，涌水量等于 $6\sim15m^3/h$	0.67
井筒含水，井深大于 200m，降水如暴雨，涌水量大于 $15m^3/h$	0.53

混合式通风风量的计算公式可参考平巷掘进时混合式通风的风量计算公式。

8.4.3.3　风筒

井筒掘进通风所用风筒和平巷掘进通风一样，有柔性风筒和铁风筒两种，多用铁风筒。风筒直径多为 500~1000mm，视井筒断面大小选用。铁风筒可用钢丝绳吊挂，也可固定于井筒的支架上。前者的优点是放炮时可将风筒提起，风筒的接长或拆短都可在地面进行。后者的优点是不需设置吊挂风筒的设施，如绞车、钢丝绳、滑轮等。

采用铁风筒时，为了缩短风筒末端与作业面的距离，可接一段柔性风筒，爆破时将柔性风筒提起。

复习思考题

8-1 局部通风的方法有哪几种？

8-2 掘进独头巷道时，采用压入式、抽出式以及混合式通风方式时，应注意哪些事项？

8-3 说明引射器通风的原理。

8-4 如何搞好风筒的安装和管理工作？

8-5 长距离独头巷道掘进时，采用局扇通风应注意哪些问题？

8-6 某独头掘进巷道长 200m，断面为 6.5m²，用火雷管起爆，一次爆破火药量为 20kg 若采用抽出式通风，通风时间限于 20min，其有效吸程和所需风量各为多少？

8-7 某掘进巷道，采用压入式通风，其胶皮风筒的接头数目 $n=12$，每个接头的漏风率 $p_1=0.02$，工作面的需风量 $Q_0=1.51\text{m}^3/\text{s}$。问扇风机供风量为多少？

8-8 某独头巷道长 400m，断面 6m²，一次爆破的炸药消耗量为 15kg，采取压入式通风，通风时间 $t=30\text{min}$。试计算工作面所需风量，并选择适当的风筒和局扇。

8-9 某独头巷道长 700m，断面 6m²，一次爆破炸药的消耗量为 12kg，通风时间 $t=20\text{min}$。试选择通风方式，计算工作面所需要的风量，并选择适当的风筒和局扇。

第9章 矿井通风设计

【教学要求】 要求掌握矿井通风设计的基本内容和基本原则；能够拟定矿井通风系统并确定正确的通风方式；正确选择主扇工作方式及安装地点；了解中段通风网路及采场通风网路的组成；会计算全矿总风量和矿井通风阻力；能正确选择通风设备；会计算矿井通风费用。

【学习方法】 要把前面所学的各章内容联系起来，根据设计任务确定设计思想，从矿井通风系统的特点、结构及设计原则入手，掌握矿井通风系统设计的步骤、方法。要理论结合实际，熟悉一些矿井通风设备的产品及其技术参数，了解主要的通风设施；可结合现场实习过程参观矿井通风系统的组成，加深对所学知识的理解。

矿井通风设计是矿床开采总体设计的一个不可缺少的组成部分。它的基本任务是：与开拓、采矿方法相配合，建立一个安全可靠、经济合理的矿井通风系统，计算各时期各工作面所需的风量及矿井总风量，计算矿井总阻力，然后以此为依据，选择通风设备。

9.1 概　　述

矿井通风的目的是为井下提供新鲜的风流，创造良好的劳动条件，向作业地点提供所需的新鲜空气。因此，通风设计应根据矿床开拓和采矿方法等生产条件，建立一个安全、可靠、经济合理的通风系统，主要任务是确立合理的通风系统，选择恰当的扇风机，制定其工作方式。

通风设计是矿井设计的一部分，所以新建矿井在确定开拓方案及采矿方法时，必须对矿井通风系统作统一考虑。设计中既要考虑当前的需要，又要考虑到发展与扩建的可能性。对于改建或扩建的矿井进行通风设计时，首先应对生产及通风情况作周密调查，对复杂的矿井可作出原通风系统的模型，分析它存在的问题，在此基础上研究改进的途径。在改建和扩建中必须充分利用原有井巷及通风设备。无论新建、改建或扩建矿井的通风设计，都必须符合多、快、好、省的原则，做到经济上合理，技术上可行，有利于通风管理，有利于生产的发展。设计中必须遵照国家颁布的矿山安全规程和有关规定。

9.1.1 矿井通风设计的原始资料

矿井通风设计的原始资料包括以下几个方面。

（1）采矿方面资料。矿山地形地质图，矿区有无废旧巷道及其所在位置。矿井年产量、服务年限、开拓系统、回采顺序、采矿方法、产量分配和作业面布置、同时作业的工作面数，工作面及各种井巷的规格、支护形式。同时工作的各种型号的凿岩机台数及其分布，同时爆破所用最多炸药量，井下同时工作最多人员数。

（2）气候方面资料。矿区气候条件，包括年最高、最低、平均气温。地温率、恒温带的温度及深度。常年主导风向。

（3）井下自然资料。矿岩游离二氧化硅（矽）、硫、放射性物质及有害气体的含量；矿岩的自燃发火倾向性。

（4）其他资料。柴油设备使用情况，硐室的用途、规格及分布等与通风有关的资料。

9.1.2　矿井通风设计的基本内容

矿井通风设计的基本内容包括以下几个方面：

（1）确定矿井通风系统。矿井通风系统的确定主要包括通风方式的确定，主扇工作方式的确定，主扇安装地点的确定。

（2）计算各个工作面需风量。需要计算采矿工作面需风量，掘进工作面需风量，柴油设备需风量，各种硐室需风量，其他辅助生产需风量，一些特殊矿井开采需风量。

（3）计算全矿需风量和分配风量。根据前面采矿生产资料计算各个不同生产环节的需风量，并且汇总计算出全矿总需风量。根据开拓系统，各中段平面图，采矿方法图将总风量按各生产环节，各作业地点，各需风井巷和硐室分配。

（4）计算全矿总压差。根据风量分配图，绘制出全矿通风网路图，找出最困难路线，计算出全矿总压差。

（5）选择主扇及其电机。根据全矿总风量和全矿总压差选择主扇及其电动机。

（6）决定通风构筑物。根据主扇工作方式确定反风方式及反风装置，根据风量调节方法确定其他通风构筑物。

（7）绘制通风系统图。

9.1.3　矿井通风系统的基本原则

9.1.3.1　基建时期通风基本原则

矿井基建时期的通风是指基建井巷掘进时的通风，即开凿井筒（或平硐）、井底车场、井下硐室、第一水平的运输巷道和通风巷道时的通风。在这个时期，巷道还处于独头掘进阶段，应按局部通风的方法进行局部通风。在两个出口贯通后，且主扇已安装好，即可用主扇对已开凿的井巷进行总压差通风。此时通风计算与生产时期相似，所以应根据基建过程作出相应的通风设计。

9.1.3.2　生产时期通风基本原则

矿井生产时期的通风是指矿井投产后，包括全矿开拓、采准、切割、回采工作面及其他井巷的通风．这个时期的通风设计。一般说，若矿井服务年限在 20 年以内时，选取开采规模最大、产量最高和通风线路最长的时期进行计算。若服务年限超过 20 年，则分两个时期进行设计。因为通风设备的折旧年限一般定为 20 年左右，所以，前 20 年作为第一期进行详细设计。至于以后的时期，由于生产情况和科学技术的发展很难确定，只做一般原则性规划。

9.1.3.3　通风设计应遵守的具体原则

通风设计应遵守以下几个具体原则：

(1) 进风井巷及采掘工作面的风源含尘量不得大于 0.5mg/m³。

(2) 主要回风井不得作为人行道，回风道排出的废风不得造成公害。

(3) 矿井有效风量率应在 60% 以上。

(4) 采场、二次破碎巷道应有贯穿风流，电耙司机应位于上风侧。避免废风串联，否则应采取空气净化措施。

(5) 井下炸药库及充电变电硐室必须设有独立的回风线路。

(6) 不用的井巷及采空区，必须及时封闭。密闭、风门、风桥、风硐等通风构筑物，必须严密完好。

(7) 主扇应有反风装置，并保证在 10min 内改变风向。

(8) 箕斗井或混合井，不采取净化措施，不能作为进风井。

在拟定通风系统时，应从矿山的具体情况出发，如考虑矿床的自然条件，开拓、开采的特点。通过调查研究，作综合分析，提出几个技术上可行的方案。根据安全、可靠和经济合理的原则，进行技术经济比较，最后确定合理的通风系统。但是，由于矿井生产的特点是工作面不断变化，在不同的生产阶段，随着矿床赋存条件的变化，生产规模、开拓和采矿方法的变化，矿井通风系统也将随着发生不同程度的变化。这就给通风系统的建立和管理带来很多困难，致使工作面废风串联、漏风、反转及循环风流等现象出现。因此在选择通风系统时要有利于解决串、漏、反、循等问题。

9.2　矿井通风系统

9.2.1　通风系统的确定

9.2.1.1　统一通风系统及分区通风系统的拟定

在通风动力的作用和通风设施的控制下，新鲜空气由进风井巷进入矿井，经过各有关井巷，供各需风地点使用后，污浊空气经回风道最后从回风井巷排至地表，这就是矿井通风系统。所以，矿井通风系统应包括通风动力、通风控制设施和通风网路等（如图 9-1）。

一个矿井构成一个整体的通风系统称为统一通风系统，如图 9-1 所示。一个矿井划分为若干个独立的、风流互相不连通的通风系统称为分区通风系统，即各个分区的风流互不干扰，每个分区不仅具有各自的通风动力，还各自有一套完整的进风和回风井巷。

拟定通风系统时，首先要考虑采用统一通风系统还是分区通风系统，两者各有优劣，应根据各矿的具体情况进行比较确定。

统一通风系统进风井和回风井均较少，使用的通风设备也较少，便于集中管理。不能增加进、出风井的矿山，特别是矿井比较深，采用全矿统一的通风系统比较合理。

我国金属矿井的实践表明，分区通风系统具有风路短，阻力小，漏风少，经营费用低，通风网路简单，风流易于控制。有利于进行风量的合理分配，易于克服井下火灾等优

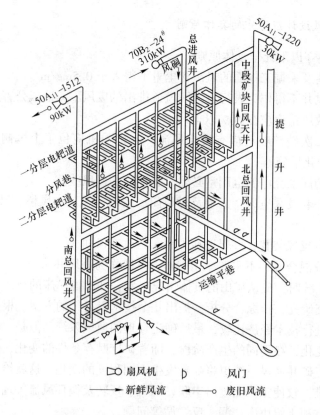

图 9-1　易门铜矿狮山坑通风系统

点. 能否采用分区通风系统, 主要取决于开凿通地表的通风井巷工程量的大小或有无现有井巷可供利用。

　　分区通风不同于在一个矿区内因划分成几个井田开拓而构成几个通风系统。分区通风中各通风系统是处于同一开拓系统中, 井巷之间存在一定的联系。分区通风也不同于多台扇风机在一个通风系统中作并联通风。

　　分区通风区域划分的原则是, 一般应将矿量比较集中, 生产上联系紧密的有关地段划分为一个分区。目前国内冶金矿山主要有下面几种分区方法:

　　(1) 按矿体分区。当一个矿井只有少数几个大矿体或有几个矿量比较集中的矿体群时, 将靠近的矿体或矿体群, 划为一个通风区, 全矿划分为几个通风区。如图 9-2 所示为柴河铅锌矿的分区通风系统, 主提升井开凿在中间无矿带内, 每个分区分别为开采两个大矿体服务, 各自有独立的进风井、回风井。

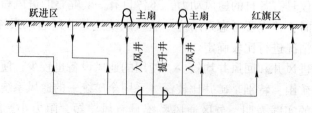

图 9-2　柴河铅锌矿分区通风系统

（2）按中段分区。沿山坡分布的平行密集脉状矿床，一般距地表较近，开采时常有井巷或采空区与地表贯通。若上下中段之间联系较少，可按中段划分通风区域。西华山钨矿就是这种划分法的典型例子，如图9-3所示。这个矿将每个中段划分为一个或两个通风区，每个通风区都有独立的进、回风口，各个系统之间的风流互不干扰。

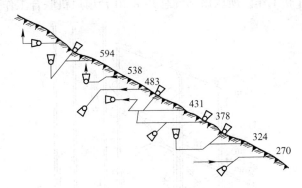

图9-3　西华山矿分区通风系统

（3）按采区分区。矿体走向特长，开采范围很大的矿井，可沿走向每个采区建立一个独立的通风系统。如龙烟庞家堡矿，矿体走向长9000~12000m，沿走向分五个回采区，各区之间联系甚少，每一个采区构成一个独立通风系统，如图9-4所示。

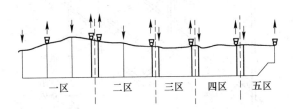

图9-4　庞家堡矿分区通风系统

9.2.1.2　多风机串并联多级机站通风系统

在一个通风系统中可使用一定数量的扇风机，根据需要把扇风机分为若干级。用扇风机串联减少漏风，用扇风机并联进行合理分风，称为多风机串并联多级机站。

多级机站可分为三级、四级、乃至五级、六级。一般多采用四级机站，其布置原则是：

（1）一级机站是压入式机站，在全系统内起主导作用，新鲜空气由它引入矿井，它的风量为全矿总风量。

（2）二级机站起通风接力及分风的作用，保证作业区域的供风，所以风机应靠近用风段做压入式供风。

（3）三级机站把作业区域的废风直接排至回风道，所以安装在用风部分靠近回风一侧做抽出式通风。

（4）四级机站是全系统的总回风，它把三级机站排出的废风集中起来排至地表，做抽出式通风。

根据生产工作面布置，开动二级和三级机站的部分扇风机，可以节省能耗。

　　图 9-5 为梅山铁矿北采区多级机站通风系统。在−200m 水平进风天井底部安装一级机站 I 由四台扇风机并联工作。由进风天井分风送给三个作业分层，分别在三个分层作业面的进风侧安装二级机站 II，每一机站都由两台扇风机并联工作。分别在各分层的作业面出风侧安装三级机站，每一机站也由两台扇风机并联工作。在−140m 回风平巷安装四级机站，由四台扇风机并联工作。所以该系统总共由 20 台扇风机联合工作。

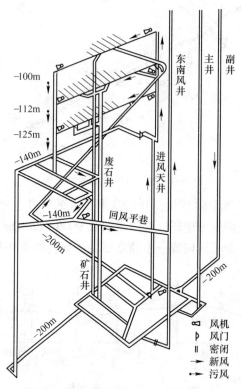

图 9-5　梅山铁矿多级机站通风系统图

　　由于采用多级机站，扇风机分段串联，使每一机站的风压降低，全矿压力状态分布均衡，可减少扇风机装置的漏风，使作业面附近调整为零压区，从而减少采空区，天井、溜井等的漏风，并可减少增阻调节风量的措施，根据实际需风量调节扇风机的供风量，从而达到节约电耗的要求。

　　但是多级机站的通风系统要求开凿专用进风井巷，增加掘进成本。若所节省的电费能补偿这一部分费用，仍是合理的，当然这种通风系统要求较高的通风管理水平。

9.2.1.3　自燃矿井通风系统的确定

　　自燃发火矿井，一般是指矿石或围岩本身能自燃发火的矿井。矿石含硫量的高低是能否发生内因火灾的主要因素。一般认为含硫量在 15% ~ 20% 时，就具有自燃发火的可能性，含硫量为 40% ~ 50% 时，矿石的发火危险性最大。我国几个自燃发火的金属矿井中除湘潭锰矿外，其他均属含硫较高的矿井。

　　松散的硫化矿石在适宜的温度条件下，由于漏风的作用促进其氧化自燃而产生并聚集热量，这些热量若不能及时排走，又进一步促使了矿石的氧化自燃。所以对高硫矿床防火的有效方法，是建立完善的通风系统减少漏风，避免高温区的形成，选择合理的采矿方法，加强管理等。

在拟定自燃发火矿井的通风系统时，除一般矿井要求的原则外，还应考虑其特殊性氧化发热工作面的通风工作，除了排尘、排烟外，主要任务是降低温度、排出积热与稀释有毒气体，改善劳动条件，确保作业人员的安全。因此拟定通风系统时必须满足下列要求：

（1）尽量防止或减少从地表或其他地方向采空区及火灾地区补给新鲜空气；

（2）当某一处发生火灾时，所产生的高温和毒气烟雾不易扩散到其他作业区；

（3）便于对发火区进行密闭隔离，阻止火灾蔓延，便于灭火；

（4）网路结构要有利于降温排热；

（5）便于反风。

9.2.2　通风方式的确定

每个通风系统至少要有一个可靠的进风井和一个可靠的出风井，在一般情况下，罐笼提升井兼做进风井。箕斗在卸矿过程中产生大量粉尘，会造成进风风源污染，如无净化措施时，箕斗井和混合井不宜做进风井。在回风风流中含有大量有毒有害物质，所以回风井一般都是专用的，不能作行人及运输之用。

按照进风井与回风井的相对位置，其布置可分为三类。

9.2.2.1　中央并列式

进风井和回风井相距较近，并大致位于井田走向中央，中央并列式布置的优点是基建费用少，投产快，井筒延深工作方便。缺点是进、回风井比较近，两者间压差较大，故进、回风井之间，以及井底车场漏风较大，特别是前进式开采时漏风更为严重。风流线路为折返式，风流路线长且变化大，这样不仅压差大，而且在整个矿井服务期间，压差变化范围较大。中央并列式布置多用于开采层状矿床。冶金矿山当矿体走向不太长，要求早期投产，或受地形地质条件限制，两翼不宜开掘风井时，可采用中央并列式布置。如图9-6所示。

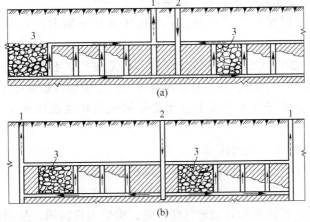

(a)

(b)

图 9-6　中央并列式通风方式
1—进风井；2—回风井；3—已采完矿块

9.2.2.2　中央对角式

进风井和回风井分别布置在井田的中央和侧翼，进风井位于井田中央，回风井位于井田两翼，如图 9-7 所示。中央对角式布置的优点是风流路线比较短，长度变化不大，因此不仅压差小，而且在整个矿井服务期间压差变化范围较小，漏风少，污风出口距工业场地较远。缺点是投产慢，地面建筑物不集中，不利于管理。冶金矿山多用中央对角式布置。

9.2.2.3　侧翼对角式

进风井与回风井分别布置在井田的两侧翼，侧翼对角式布置的优点是基建费用少，地面建筑物集中，便于管理，在整个生产期长度变化不大，因此在整个矿井服务期间压差变化范围较小，漏风少，污风出口距工业场地较远，有利环保。缺点是投产慢，风流路线比较长，压差大。如图 9-8 所示。

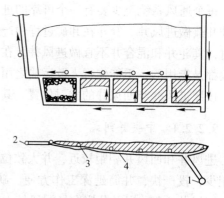

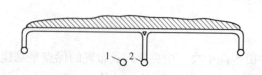

<table>
<tr><td>图 9-7　中央对角式通风方式
1—进风井；2—回风井</td><td>图 9-8　侧翼对角式通风方式
1—进风井；2—回风井；3—矿体；4—平巷</td></tr>
</table>

9.2.3　主扇工作方式

主扇工作方式有抽出式、压入式、压抽混合式三种．

（1）抽出式。主扇安装于回风井，而将废风从井下抽出，使井下空气呈"负压状态"。

在一般情况下，抽出式通风应用比较广泛，其优点主要是无需在主要进风道安设控制风流的通风构筑物，便于运输、行人和通风管理工作，采场炮烟也易于排出。

（2）压入式。主扇安装于进风井，而将新鲜风流从地面压入矿井，使井下空气呈"正压状态"。

下列情况适于采用压入式通风：

1）在回采过程中，回风系统易受破坏，维护难度较大。

2）矿井有专用进风井巷，能将新鲜风流直接送往工作面。

3）当用崩落法采矿而覆盖岩层透气性很强，构成大量漏风，从而减少工作面实得风量时。

4）岩石裂隙及采空区中的氡，对进风部分造成污染。

（3）压抽混合式 进风井安装压入式的主扇，回风井安装抽出式的主扇，联合对矿井通风，使井下空气压力，在整个通风线路上，不同的地点形成不同的压力状态。采用压抽混合式通风时，进风段及回风段都安装主扇，用风部分的空气压力与它同标高的气压较靠近，漏风较少，风流流动方向稳定，排烟快、漏风少，也不易受自然风流干扰而造成风流反向。其缺点是管理不便。下列情况适用采用压轴混合式。

1）采场距地表近，漏风大，采用压抽混合可平衡坑内外压差，控制漏风量。

2）具有自燃危险的矿井，为了防止大量风流漏入采空区引起自燃。

3）开采具有放射性气体危害的矿井时，压入式主扇的正压控制进风和整个作业区段，以控制氡的渗流方向，减少氡的析出。抽出式主扇控制回风段，以使废风迅速排出地表。

由于主扇工作方式不同，具有不同的压力分布状态，从而在进回风量、漏风量、风质、和受自然风流干扰的程度等方面也就出现不同的通风效果。所以在确定主扇工作方式时，应根据矿床赋存条件和开采特点而定。若进风井沟通地面的老硐和裂缝多时，则宜采用抽出式，这样既减少密闭工程量，又自然形成多井口进风，从而增加矿井的总进风量。反之，回风井位子通地面的老硐和裂缝多的区域时，则宜采用压入式。

9.2.4 主扇安装地点

矿井主要扇风机一般安装在地表，因为安装在地表安装，检修、管理都比较方便。井下发生火灾时，便于采取停风、反风或控制风量等通风措施。井下发生灾变事故时，地面主扇比较安全、可靠，不易受到损害。其缺点是井口密闭、反风装置和风硐的短路漏风比较大。当矿井较深，工作面距主扇较远，沿途漏风量较大时，在下列情况下，主扇可安装于井下：

（1）需采用抽出式通风，但回风井附近地表漏风较大，为了减少密闭工程和提高有效风量率，主扇可安装在井下回风段内。压入式通风井口密闭困难，主扇可安装在井下进风段内。

（2）在某些情况下，建筑坑内扇风机房可能比地表扇风机房经济，特别是小型矿井或分区通风风量较小时，所需扇风机较小。可以将扇风机放在巷道中，而不需开凿硐室。

（3）有山崩、滚石、雪崩危险的地区布置风井，地表无适当位置或地基不宜建筑扇风机房时。

（4）有自燃发火危险和进行大爆破的矿井在井下安装扇风机时，应有可靠的安全措施。

主要扇风机，无论安设在地面或井下，都应考虑在安全的条件下扇风机的位置尽可能地靠近矿体，以提高有效风量率，此外在井下安设时，还应考虑到扇风机的噪音不致影响井底车场工作人员的工作。

9.3 通风网路的确定

9.3.1 中段通风网路的确定

矿井通风工作的效果，主要应从送到工作面的空气数量及质量、粉尘合格率、有效风量率以及其他卫生标准、经济成本等方面来衡量。矿井应建立合理通风系统，但是由于采掘工作面不断变动，通风系统常常遭到破坏，往往表现在工作面出现串联风流、漏风、反转风流、循环风流等方面。所以克服串、漏、反、循是通风管理工作必须注意的问题。

在拟定通风系统时，这也是首先要考虑到的问题。一般来说，单一中段开采的矿井，比较容易克服工作面间的串联风流。多中段开采的矿井，就必须采取一定的措施。一些矿山根据各自的特点，创造了一些行之有效的方法。

中段通风网路是由各中段进风道和回风道所构成的通风网路，它是连接进风井和回风井的通风干线。建立中段通风网路主要是为了防止风流串联，同时也要减小阻力，使其漏风少，风流稳定，易于管理。

冶金矿山通常是多中段同时作业，如果对各中段入风流和回风流安排不适当，在一个中段内既有新鲜风流，又混进本中段和下部中段作业面排出的污风，势必造成风流污染，影响安全生产和工人健康。为使各中段作业面都能从入风井得到新鲜风流，必将所排出的污风送入回风井。各作业面风流互不串联，就必须对各风面的入排风巷道同时安排，构成一定形式的中段通风网路结构。

中段通风网路是由中段进风道、中段回风道、矿井总回风道和集中回风天井等巷道连接而成。

（1）中段进风道。通常以中段运输道兼中段进风道。当运输道中装卸矿作业产尘量大，或井底漏风严重且难以控制时，也可开凿专业进风道。

（2）中段回风道。通常均利用上中段已结束作业的运输道做下中段的回风道。如果回采顺序不协调，没有一个已结束的运输道可供回风之用，则应设立专用中段回风道。专用中段回风道可一个中段设立一条，或两个中段共用一条。

（3）总回风道与集中回风天井。在开采中段最上部，维护或开凿一条专用回风道，用以汇集下部各中段作业面所排出的污风，并将其送到排风井，此回风道称为总回风道。建立总回风道可以省掉各中段回风道，但需补以集中回风天井。集中回风天井是沿走向分布的贯通各中段的回风天井，它可将各中段作业面排出的污风送入上部总回风道。

为解决多中段同时作业时风流串联，近年来，冶金矿山推广使用了以下几种中段通风网路结构。

9.3.1.1　棋盘式通风

这种网路是由各中段如风道、集中回风天井和总回风道所构成。在上部已采中段维护或开凿一条总回风道，然后沿矿体走向每隔一段距离（60～120m），保留一条贯通上下各中段的回风天井，各天井与中段运输道交叉处用风桥或绕道跨过，另有一支巷道或通风眼与采场回风道沟通，各回风天井均与上部总回风道相连。新鲜风流由各中段运输平巷进入采场，污风通过采场回风巷引入回风天井，直接排到总回风道。其网路结构如图 9-9 所示。

棋盘式通风网能有效地消除多中段作业时回采工作面风流串联问题。但需开凿一定数量的回风天井，通风构筑物也较多，通风成本高。

锡矿山是一个缓倾斜、多中段、前进式开采的矿井，容易形成工作面间的串联风流。为此，在作业区域内，每隔一定水平距离，保留一条连通上下各中段并且通达总回风道的回风天井。回风天井用风桥跨过每个运输平巷。平巷进风，天井回风，其典型布置如图9-10 所示。各作业地点的废风都设法引入回风天井里去，从而克服了工作面的废风串联，但是增加了通风工程量。

9.3.1.2 上下间隔式通风

上下间隔式是指每隔一个中段建立一条脉外集中回风平巷，用来汇集上下两个中段的污风，然后排入回风井。在回风中段上部的作业面，由下中段运输道进风，风流上行，污风也汇集于回风道中排走。其网路结构如图9-11 所示。

上下间隔式通风网路，能够有效地解决风流串联问题，开凿工程量比平行双巷网路小。适于在开采强度较大的矿山使用。但应建立专用回风道，以防回风中段受到污染。并应加强主扇对回风系统的控制能力和回风调解，防止回流反向。

龙烟铁矿是一个缓倾斜中厚层状矿床。为了解决多中段同时开采的通风问题，用风门、风墙、风窗等通风构筑物使相邻的两个中段分别进、回风，其典型布置如图9-12 所示。它不需要开凿其他的通风巷道。但在采区爆破频繁时，不利于下行风流采场炮烟的排出。

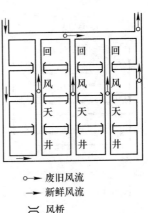

→ 废旧风流
→ 新鲜风流
⋊ 风桥

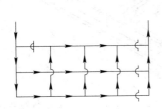

图 9-9 棋盘式通风

图 9-10 锡矿山棋盘式通风

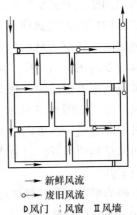

→ 新鲜风流
→ 废旧风流
D 风门　Ι 风窗　Ⅱ 风墙

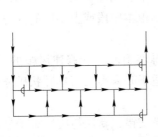

图 9-11 上下间隔式通风

图 9-12 龙烟铁矿上下间隔式通风

9.3.1.3　平行双巷通风

平行双巷通风网每个中段开凿两条沿走向互相平行的巷道，其中一条靠近矿井底盘或在底盘围岩中，另一条靠近顶盘或在顶盘围岩中；一条做进风道，另一条做回风道，构成平行双巷通风网。各中段采场均由本中段通风道得到新鲜风流，其污风可经上中段或本中段的回风道排走。其通风网路结构如图 9-13 所示。平行双巷通风网，结构简单，能有效地解决风流串联。但是由于开凿工程量较大，适于在矿体较厚、较富、开采强度较大，对通风要求较高的矿山使用。有的矿山结合探矿工程，只需开凿少量专用巷道即可形成平行双巷，也可使用此种通风网路。

中条山篦子沟矿为缓倾斜多中段有底部结构的崩落采矿法，其电耙巷道垂直于矿体走向，可以利用平行双巷分别进、回风，有效地克服了工作面的串联风流，其布置如图 9-14 所示。

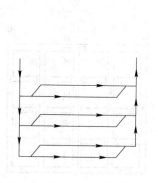

图 9-13　平行双巷通风

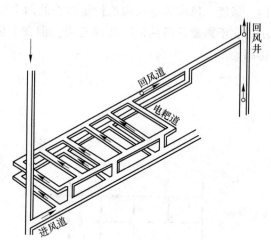

图 9-14　中条山篦子沟矿平行双巷通风

9.3.1.4　梳式通风

梳式通风网路当开采平行密集脉状矿床时，每一中段建立一条脉外集中回风道，还不能将各层矿脉的污风汇集到回风道中来。盘古山钨矿建立了一种称为梳式的通风网路结构，较好地解决了各层矿脉的回风问题。该矿将穿脉巷道断面扩大，然后用风障隔成两格，一格运输及进风，另一格回风。回风格与沿脉回风平巷相连，构成了形如梳状的回风结构。各采场均由本中段的穿脉运输格进风，其污风则由本中段或上中段的回风格排入沿脉集中回风平巷。如图 9-15 所示。

此通风网能有效地解决风流串联问题，但扩大穿脉巷道断面和修建风幛的工程较大，入风格与回风格相距很近，容易产生漏风。这种网路适于开采多层密集脉状矿体和对通风要求较高的矿井。

盘古山矿为平行密集脉状矿床，每一中段坑道纵横交错，新风与废风难于分开。在每一中段建立一条专用沿脉回风道，并将穿脉巷道断面扩大，用风幛隔成两格，一格用来运输及进风，另一格用来回风。或用假顶将穿脉分成上下两格，分别作进、回风通路，回风格与沿脉回风道相接，从而克服了工作面之间的串联风流。由于回风道呈梳式结构，故称梳式通风，如图9-16所示。风幛及假顶可用砖、石、混凝土、木材等建成。

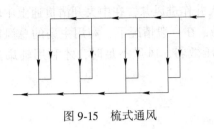

图9-15 梳式通风

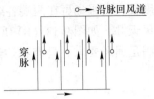

图9-16 盘古山矿梳式通风

上述实例，是根据各自矿井的具体情况，采取相应措施，有效地克服了采场间的串联风流。这些例子中包含着一个共同的规律，即为了克服工作面的串联风流，必须根据矿井的具体情况，采取措施，使每个工作面的进风直接与新鲜风流相联，出风直接与废风相联。

9.3.1.5 阶梯式

当矿体由边界回风井巷中央入风井方向后退回采时，可利用上中段已结束作业的运输道做下中段的回风道，使各中段的风流呈阶梯式互相错开，新废风流互不串联，如图9-17所示。

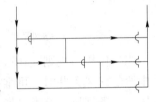

图9-17 阶梯式通风图

这种通风网路，结构简单，工程量最小，风流稳定，适用于能严格遵守回采顺序，矿体规整的脉状矿体。对回采顺序限制较大。

9.3.2 采场通风网路的确定

金属矿井矿体情况复杂，采矿方法类型多，采场内工作点多，保证各工作面不产生废风串联，无烟尘停滞，是采场通风的主要任务。采场应有贯通风流，利用矿井总压差通风，这是最有效的采场通风方式，故各采场的进风应与矿井通风系统的新鲜风流联通，采场出风直接联通矿井通风系统的废风流。采场尽量形成上行风流以有利于炮烟排出。电耙道风流方向应与耙矿方向相反，以保证电耙司机在新鲜风流中操作。在采场设计时应充分考虑这些因素，可使采场通风得到有效的解决。在没有条件利用矿井总压差通风形成贯通风流的采场，必须进行有效的局部通风。

建立合理通风系统的最终目的是使采矿和掘进作业面通风良好，空气清新，符合安全要求。采场通风网路和通风方法，是保证整个通风系统发挥有效通风作用的最终环节，它是整个通风系统的重要组成部分。在进行采矿方法设计时，一定要对采场通风网路和通风方法做合理的安排。按各种采矿方法的结构特点，回采工作面的通风可归纳为以下三类：(1) 无耙道水平的巷道型或硐室型采场的通风；(2) 有耙道底部结构采场的通风；(3) 无底柱分段崩落法的通风。下面分别加以说明。

9.3.2.1 无耙道水平的巷道型或硐室型采场的通风

浅孔留矿法、充填法、房柱法和壁式陷落法的采场，均属于无耙道水平的巷道型或硐室型采场。这类采场的特点是凿岩、充填、耙矿作业都在采场内进行，风路简单，通风较容易，通常均采用贯穿风流通风。对于作业面较短的采场，可在一端维护一条人行天井作入风井，另一端有贯通上中段回风道的回风天井，如图 9-18 (a) 所示。对于作业面较长或开采强度较大的采场可在两端各维护一条人行天井作进风井，在中央开凿贯通上中段回风道的通风天井，如图 9-18 (b) 所示。这类采场，在一般情况下，利用主扇的总风压通风，即可满足通风要求。只有在边远地区，总风压微弱，风量不足时，才利用辅扇加强通风。

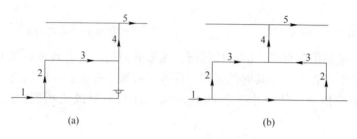

图 9-18　上中段回风的采场通风路线
1—进风平巷；2—进风天井；3—作业面；4—回风天井；5—上中段回风道

当矿体极不规则或在边远地区，难于开凿贯通上中段的回风天井时，可维护两条人行天井，一条入风，一条回风。这类采场在设计时应尽量把两个天井分别跨接于本中段的进风道和排风道上，利用总风压进行通风，如图 9-19 所示。如果由于条件所限，不能利用总风压时，则应利用辅扇或局扇加强通风。此时应注意，勿使所排出的污风对本中段其他作业面造成污染。

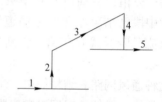

图 9-19　本中段回风的采场风流路线图
1—进风平巷；2—进风天井；3—作业面；
4—回风天井；5—本中段的风道

对于采场空间较大，同时作业机台较多的硐室型采场，除合理布置进风天井与回风天井的位置，使采场内风流畅通，不产生风流停滞区以外，还应采取喷雾洒水及其他除尘净化措施。

9.3.2.2　有耙道底部结构采矿方法的通风

在崩落法、分段法、阶段矿房法及留矿法等采矿方法中，广泛采用耙道底部结构。这类结构出矿能力大，效率高，生产安全。有耙道底部结构时，采场作业面被分为两部分即耙矿巷道作业面和凿岩作业面。这两部分均应利用贯通风流通风，并应各有独立的通风路线，风流互不串联。耙矿巷道中的风流方向，应与耙矿方向相反，使电耙司机处于风流的上风侧。各耙矿巷道之间应构成并联风路，保持风流方向稳定，风量分配均匀，避免出现风流串联现象。

图 9-20 是有电耙巷道的留矿采矿法的风流路线图。新鲜风流由进风平巷经人行天井到电耙道及上部凿岩作业面，清洗作业面后的污浊风流，由回

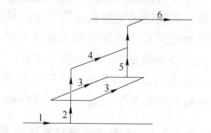

图 9-20　有耙道采场的通风路线图
1—进风平巷；2—人行天井；3—耙矿巷道；
4—凿岩作业面；5—回风天井；6—回风平

风天井排至上中段回风道。这种通风网路，使凿岩作业面与电耙巷道之间风流互不串联，通风效果好。

图 9-21 是有电耙道的分段采矿法的风流路线图。分段采矿法的主要作业地点是分段巷道和电耙道。当作业面从矿房中央向两端后退回采时，在中央要开凿回风天井。新鲜风流由两端人行天井分别达到电耙道和各分段凿岩巷道，清洗作业面后的污风，通过矿房顶部的回风天井排到上中段回风道。这个通风网路，虽然风流不串联，但是矿房空间大，排烟慢，风流分散，各分段巷道风速很低，通风状况不太好。不少矿山为了避免上下风流混淆，常采用集中凿岩，然后分次爆破，使出矿时二次破碎过程所产生的烟尘，不会对上部分段凿岩工人造成危害。

利用凿岩天井（或硐室）进行中深孔凿岩工作的采矿方法，需要向凿岩天井和电耙巷道供给新鲜风流。当回风道在上中段，凿岩天井不因回采工作而遭到破坏的情况下，可用图 9-22 所示的通风网路。新鲜风流由运输巷道送入凿岩天井和电耙道，凿岩天井的污风由上部的回风联络巷排入上中段回风道，电耙道的污风则由电耙道末端的回风联络巷及脉外回风天井送入上中段回风道。

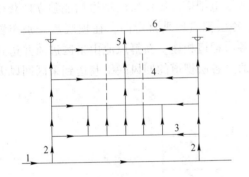

图 9-21　有电耙道的中段采矿法通风路线图
1—进风平巷；2—人行天井；3—电耙巷道；4—分段凿岩巷道；5—回风天井；6—回风平巷

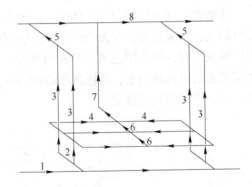

图 9-22　有电耙道和凿岩天井采场的通风路线图
1—下运输平巷；2—穿脉运输道；3—凿岩天井；4—电耙道；5—回风联络巷；6—电耙道回风联络巷；7—回风天井；8—上中段回风平巷

当回风道在本中段，而且凿岩天井随回采工作逐渐被破坏的情况下，可用图 9-23 所示的通风网路。电耙道可由本中段入风道获得新鲜风流，污风由回风小井下行，流入本中段回风道。凿岩天井则从上中段入风道获得新风，风流下行，污风由漏斗口及电耙道尾部流到本中段回风道。

开采厚大矿体时，一个采区内耙道数量很多。为防止风流串联，可采用进风巷道与回风巷道间隔布置的通风网路。图 9-24 是 4×4 共 16 条电耙道，纵横间隔布置的通风网路图。新鲜风流均由入风道进入电耙道，电耙道的污风汇集于两条回风联络巷后，由回风天井排走。

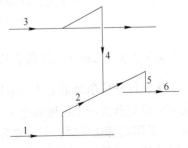

图 9-23　凿岩天井下行通风路线图
1—本中段运输道；2—电耙道；3—上中段运输道；4—凿岩天井；5—回风小井；6—回风平巷

这个通风网路虽能防止风流串联，但网路比较复杂，风流稳定性较差。

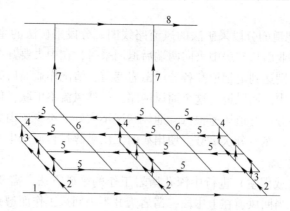

图 9-24　多耙道间隔布置的通风网路图
1—运输平巷；2—穿脉运输道；3—人行天井；4—进风联络巷；
5—电耙巷道；6—回风联络巷；7—回风天井；8—回风平巷

　　用崩落法开采缓倾斜厚矿体时，需要布置多层电耙道。欲使每层耙道均能独立地获得新鲜风流，可采用如图 9-25 所示的通风网路。各层耙道均垂直走向，在顶底盘分别布置进回风联络巷，设专用进风天井和回风天井与各层耙道相连。新鲜风流由采区进风并送到各层耙道的进风联络巷，清洗各耙道的污风，通过各层耙道的回风联络巷送到采区回风天井，由上中段回风巷排走。

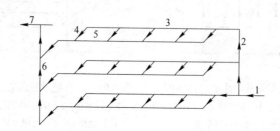

图 9-25　多层电耙道通风网路图
1—耙道层专用进风道；2—进风天井；3—进风联络巷；4—电耙道；
5—回风联络巷；6—回风天井；7—回风平巷

9.3.2.3　无底柱分段崩落采矿法的通风

　　无底柱分段崩落采矿法的采掘和回采工作大多在独头巷道内进行，通风比较困难。无底柱分段崩落法可采用局部通风或通过崩落矿岩的空隙进行渗透式的通风（简称爆堆通风）。采用局部通风时，不仅要合理选用通风方式和通风设备，而且要有一个合理的采区通风路线，以保证在分段巷道内有较强的贯通风流，防止烟尘积聚和作业面风流串联，并为搞好回采进路的局部通风创造有利条件。

　　在一般情况下，分段巷道可布置在下盘脉外，各回采进路垂直矿体走向，沿走向每隔一定距离（40~50m）设一回风天井，通过支巷与各分段巷道和上中段回风平巷相连。新鲜风流由运输巷和设备井送入各分段巷道，污风由各回风天井排至上中段回风道，使各分段巷道内造成较强的贯通风流，如图 9-26 所示。

各回采进路用局扇通风时，抽出式或压入式均可，但抽出式可将作业面的污风通过风筒排到回风天井，不污染分段巷道和其他作业面，通风效果较好。图 9-27 是各回采进路局部通风布置图。

无底柱分段崩落采矿法中，应用爆堆通风是一个好方法。爆堆通风就是利用较高风压的扇风机，使新鲜风流经各回采进路强行通过已崩落矿岩的空隙，由上部空区排走，使各分段巷道和回采进路形成贯通风流。

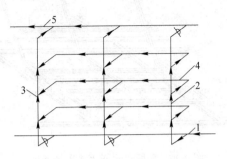

图 9-26 无底柱分段崩落法采区通风网路图
1—进风平巷；2—进风天井；3—回风天井；
4—分段巷道；5—回风平巷

大冶铁矿尖林山坑首先试用了这种通风方法。在覆盖岩层崩落以前，该矿采用抽出式通风系统，使污风通过矿岩的缝隙后，由上部回风道经扇风机排出地表，如图 9-28 所示。当各进路爆堆的阻力为 $40 \sim 50 \mathrm{mmH_2O}$ 时，大部分回采进路的风速可达 $0.3 \mathrm{m/s}$，满足了通风要求。

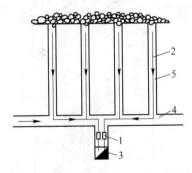

图 9-27 各回采进路局部通风布置图
1—局扇；2—风筒；3—回风天井；4—分段巷道；5—回采进路

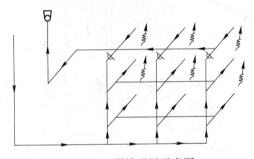

图 9-28 爆堆通风示意图

实践证明，这种通风方法，在条件适合的情况下，可使凿岩及出矿作业的粉尘浓度达到国家卫生标准，缩短了二次破碎及中深孔爆破时的排烟、排尘时间，通风效果较好。对于崩落矿岩通风阻力不太大的矿山可采用这种通风方法。此外，使用这种通风方法时，应加强对非作业进路的风流控制，以保证各作业进路内有足够的风量。

9.3.2.4 采场通风网路实例

以下为采场通风网路的几个实例。

(1) 阶段强制崩落法采场通风，如图 9-29 及图 9-30 所示。

(2) 阶段矿房法采场通风，如图 9-31 所示。

(3) 水平分层留矿法采场通风，如图 9-32 所示。

(4) 薄矿脉采场通风，如图 9-33 及图 9-34 所示。

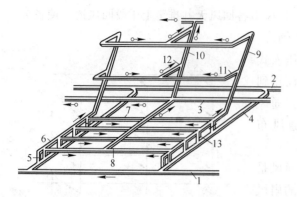

图 9-29　阶段强制崩落法采场通风（一）

1—上盘运输平巷；2—下盘脉外运输平巷；3—脉外专用回风巷；
4—穿脉巷；5—进风人行天井；6—进风联络平巷；7—耙矿巷；
8—回风联络平巷；9—下盘回风人行天井；10—回风天井；
11—下盘回风联；12—下盘回风平巷；13—进风人行天井

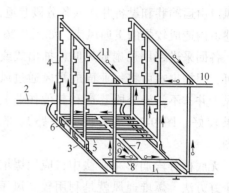

图 9-30　阶段强制崩落法采场通风（二）

1，2，10—脉外平巷；3—矿块横巷；
4—通风人行天井；5—耙矿平巷；
6—耙矿司机所在平巷；7—集中横巷；
8—下盘横巷；9—脉外天井；11—通风横巷

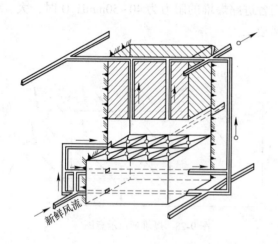

图 9-31　阶段采矿法采场通风

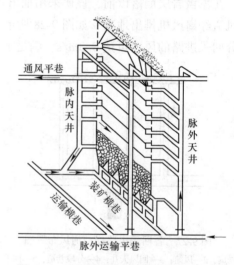

图 9-32　水平深孔分层留矿法采场通风

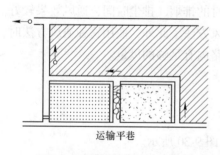

图 9-33　采场利用总压差通风

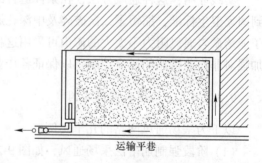

图 9-34　采场用局扇通风

（5）无底柱分段崩落法采场，采掘作业都在独头巷道内进行，给采场通风防尘工作增加了困难。对这种采矿方法目前有两种通风方法。当爆下的矿石堆有一定的空隙，能利用矿井总压差形成贯通风流时，用爆堆通风，如图 9-35 所示。否则得依靠局扇通风，如图 9-27 所示。

（6）在使用爆堆通风时，当开采水平往下延深后，崩落带的透气性会逐渐降低。给通风造成困难，若采用高端壁无底柱崩落法采矿，如图 9-36 所示则各分段之间的爆堆阻力相差不大，不受开采深度和覆盖层厚度的影响，有利于实现爆堆通风，凿岩及出矿工人呼吸空气中粉尘的浓度容易达到卫生标准，排出烟尘的时间大为缩短。但是应采取措施克服溜井的风流短路。

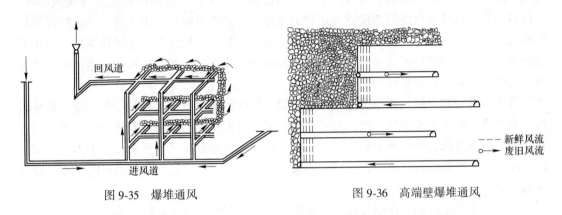

图 9-35 爆堆通风　　　　　　　图 9-36 高端壁爆堆通风

9.4 实际需风量的计算及合理供风量的确定

矿井通风系统的作用，在于供给井下工作面必要数量的新鲜空气，以稀释并排除有毒有害气体和粉尘，创造良好的劳动条件，保证井下人员的身体健康，提高劳动生产率。因此正确计算需风量，合理确定供风量是矿井通风系统设计的主要环节，是进一步计算矿井通风阻力，选择通风设备的重要基础。

矿井中需要通风系统供给新鲜风流的场所，主要是回采、掘进、装矿、卸矿等各种工作面以及炸药库等各种硐室。工作面的需风量是指正常作业时，能够满足人员呼吸，稀释排出有毒有害气体和粉尘，调节气候等所需要的风量。

9.4.1 回采工作面需风量计算

回采工作面的需风量，按照《地下矿通风规范》规定，按下列要求分别计算，取其中最大值：

（1）按同时工作的最多人数计算，供风量应不少于每人 $4m^3/min$。即式（9-1）：

$$Q = 4 \sum n \tag{9-1}$$

式中　$\sum n$ ——工作面同时工作的最多人数。

（2）按排尘风速计算：

$$Q = Sv \tag{9-2}$$

式中　S——工作面过风面积，m^2；

　　　v ——要求的排尘风速，m/s，硐室型采场最低风速应不小于 0.15m/s，巷道型采场、凿岩巷道和掘进巷道应不小于 0.25m/s，电耙道、二次破碎巷道和溜井卸矿口应不小于 0.5m/s；无底柱崩落法的进路，应不小于 0.25m/s。

（3）有柴油设备运行的矿井，按同时作业机台数每千瓦每分钟供风量 4m³ 计算。

$$Q = 4\sum N \tag{9-3}$$

式中　　$\sum N$——同时作业的柴油设备功率，kW。

在回采作业中，炮烟与粉尘的产生特点各不相同，产生炮烟的时间短，产生粉尘的时间长。炮烟只在爆破后形成，并且产生的数量已定，只要有一定的风速将其持续地排出，一段时间后有毒有害气体的浓度就可达到卫生标准。故爆破时只要工人等待一定时间排烟后再进入工作面，即可免受炮烟危害。粉尘是凿岩、耙矿、铲运等作业的伴生物，边作业边产生，所以通风的任务就是在作业同时不断将粉尘排走。也就是边作业、边产尘、边排出，随时让工作面保持良好的卫生环境。

过去曾有资料介绍按照排出炮烟计量回采工作面的需风量，这在产尘少，通风系统以排烟为主要目的的矿井是可行的。近年来随着采矿技术进步，矿山普遍使用高效率采掘设备，使产尘强度随着生产能力成倍增长，防尘和调节气候在通风的主要目的中占了显著地位。故回采工作面的需风量通常按排尘要求计算，爆破时只需适当延长通风时间即可满足排烟要求。

风流对采场中炮烟的作用过程，既不像活塞排气那样是进行单纯的排出运动，也不像在密闭空间那样进行单纯的稀释作用，而是稀释和排出两种作用都有，并且是边稀释边排出。排烟速度和排烟效果与通风方式有关系。抽出式通风以排出为主，稀释为辅，排烟效果好，通风时间短。压入式通风以稀释为主，炮烟浓度下降慢，排烟时间长。故工作面所产生的炮烟和粉尘浓度，对于采用稀释型的压入式通风时有一定影响，但在采用排出型的抽出式通风时其影响就显得次要得多。

回采工作面形状对风流排出烟尘也有一定影响。巷道型工作面，由于风速在巷道横截面上分布不均匀，使含有烟尘的风流产生纵向的移运和横向的扩散，并逐渐被稀释和排出。故风流对于炮烟及粉尘的作用是以排出为主稀释为辅，但并不是在工作面空间稀释到一定程度后再排出，而是一边排出一边稀释。硐室型工作面的风流是一种紊流射流，其主风流只通过硐室的部分空间，而其余空间则借助紊流扩散作用，使烟尘逐渐被稀释和排出。实践证明不管工作面是巷道型还是硐室型，只要风速达到 0.15m/s 以上，风流就能在全断面上稳定地流动，起到排出烟尘的作用，风速越大，排出越快。因此，《地下矿通风规范》根据排尘、排烟需要，以及我国矿山生产作业实际情况，规定了上述最低风速要求。生产实践证明，工作面实际风速如能达到这一要求，那么排尘、排烟效果均比较好。

除了通风方式以外，排尘、排烟效果还与采场密闭状况及漏风程度有关。一般来说，漏风少的采场排烟效果好、速度快。漏风多的采场，由于漏风的影响，排烟效果要差一些，通风时间要长一些。因此，要准确计算排烟所需时间是比较困难的，生产实践中只有利用排尘风量对爆后采场进行连续的通风换气，直至将炮烟排至允许浓度才恢复作业。进入采场作业之前，要检测一氧化碳和氮氧化物的浓度，若不合格应继续通风，直至合格才能进入作业。

总之，各矿应根据不同采场实际情况，逐步摸索能将炮烟排干净的实际换气次数，以供后期排烟通风参考。

采用抽出式通风的密闭采场，换气一次所需的时间可按式（9-4）估算：

$$t = V/Q \tag{9-4}$$

式中　t——采场换气一次所需的时间，s；

　　　V——采场通风空间体积，m^3；

　　　Q——采场通风量，m^3/s。

9.4.2　掘进工作面需风量计算

掘进工作面包括开拓、采准和切割工作面。各工作面的需风量，可按第 8 章的风量计算方法计算。

9.4.3　硐室需风量计算

9.4.3.1　炸药库

炸药库是井下主要危险源，为防止其自燃、自爆和氧化分解时产生的有毒气体会污染井下风流，故必须构建通达总回风系统的专用回风道，并形成独立的贯穿风流通风，需风量可取 $1\sim2m^3/s$。

9.4.3.2　破碎硐室

井下破碎硐室是主要产尘点，为防止其产尘污染井下风流，应当有联通总回风系统的排尘回风道，形成独立的贯穿风流通风，确定的排尘风速应不小于 $0.25m/s$。

9.4.3.3　装卸矿硐室

装矿、卸矿硐室也是井下主要产尘点，确定的排尘风速应不小于 $0.25m/s$，产尘较大的溜井卸矿口应不小于 $0.5m/s$。主溜井使用过的含尘污风，原则上应排入矿井回风系统。

9.4.3.4　变电室、绞车房、水泵站

变电室、绞车房、水泵站机电设备散热需要的风量（m^3/s），按式（9-5）计算：

$$Q = 0.008 \sum N \tag{9-5}$$

式中　$\sum N$——同时工作的电动机额定功率之和，kW。

9.4.3.5　空压机硐室

井下空压机降温所需风量（m^3/s），按式（9-6）计算：

$$Q = 0.04 \sum N \tag{9-6}$$

式中　$\sum N$——同时工作的空压机的电动机额定功率之和，kW。

9.4.3.6　机修硐室

机修硐室经常进行电焊、氧焊、气割等作业，一般保持 $1 \sim 1.5 \mathrm{m}^3/\mathrm{s}$ 的通过风量。

9.4.4　总需风量计算

一个通风单元，乃至整个通风系统的总需风量，是指达到预期生产能力时，一个单元或整个系统内各类工作面与需要独立通风的硐室的需风量的总和，即式(9-7)：

$$Q_\mathrm{X} = \sum Q_\mathrm{s} + \sum Q_\mathrm{s}' + \sum Q_\mathrm{d} + \sum Q_\mathrm{r} + \sum Q_\mathrm{H} \tag{9-7}$$

式中　Q_X——通风单元或通风系统的需风量，m^3/s；

　　　Q_s——回采工作面所需风量，m^3/s；

　　　Q_s'——难于密闭的备用回采工作面所需风量，如备用电耙道和凿岩道等，其风量应与作业工作面相同；能够临时密闭的备用工作面如采场的通风天井或平巷等，可用盖板、风门等临时密闭者，其风量可取作业工作面风量的一半，即 $Q_\mathrm{s} = 0.5 Q_\mathrm{s}'$；

　　　Q_d——掘进工作面（包括开拓、采准和切割）所需风量，m^3/s；

　　　Q_r——炸药库、破碎硐室等要求独立风流通风的硐室所需风量（m^3/s），但变电室、绞车房、水泵站、空压机硐室的降温问题要用过路风流解决，故在计算矿井总需风量时，这类硐室所需风量不应纳入总风量来计算，只需在设计风流的输送与调控方案时，考虑如何使其风量分配达到设计要求即可；

　　　Q_H——其他需风点的需风量，如主溜井装卸矿点、穿脉装矿点及主风流中的装卸矿点等所需风量，视对主风流的污染程度而考虑全部计入、部分计入或不计入。

9.4.5　合理供风量的确定

矿井通风系统是由相互关联、相互制约的众多因素构成的动态复杂系统，存在内外漏风、分风不均衡、服务对象变化等多种不可准确计算的因素，为了应对这些问题，使大部分工作面实得风量都达到设计要求，通风单元和整个系统的供风量，应在需风量的基础上留有一定的富余量。

在通风系统诸多设计要素中，矿井供风量是一个与通风效果、建设投资、运营费用密切相关的重要参数。一般来说，供风量的大小决定了通风井巷断面大小，通风设备投资多少，通风运行电耗高低等一系列问题。通风系统技术经济合理性，很大程度上取决于供风量的合理性。但是，工作面通风效果却不一定与供风量大小成正比，在供风量大于工作面需风量之后，还要取决于通风系统控制漏风与调节众多工作面风量按需分配的能力。这就是生产实践中许多供风量偏大的通风系统尚未取得预期良好通风效果的主要原因。因此，应当按照生产工作面总需风量及系统调控效能综合考虑慎重决定矿井供风量，这样才能经济、合理，才能合乎生产实际要求，或者说，在确定矿井供风量时，应当首先弄清工作面总需风量，然后再根据漏风情况、网路结构、调控性能及管理水平来考虑一定的备用系数，即式(9-8)。

$$Q_G = K\sum Q_x \tag{9-8}$$

式中　Q_G——通风单元或整个系统的设计供风量；

　　　K——风量备用系数（$K \geq 1$）；

　　$\sum Q_x$——通风单元或整个系统需风量。

按照《地下矿通风规范》要求有效风量率不低于 60% 计算，风量备用系数 K 在 1 ~ 1.67 之间都是允许的。但是，这个取值范围比较大，实在难以准确选取。传统设计资料介绍，一般矿井 $K = 1.3 ~ 1.5$，漏风容易控制的矿井 $K = 1.25 ~ 1.40$，漏风难以控制的矿井 $K = 1.35 ~ 1.5$。

由于电耗与风量之间呈三次方的关系，增大备用系数，加大供风量导致电耗上升，通风成本增加的幅度实在惊人。盲目加大矿井供风量，不一定能达到预期的通风效果，同时会造成投资与电能的浪费。如何确定合理的风量备用系数，使各个微观工作面、各个通风单元乃至到整个宏观通风系统，均做到风量供需相当，是矿井通风设计中需要综合研究的重要课题。

目前通风技术和通风设备与 20 世纪相比有了较大进步，仍按上述范围粗放地选取风量备用系数已不合适，以工作面为服务核心构建合理的风路结构与调控方式，降低有害漏风率，提高分风可控性与均衡性，可将漏风备用系数和分风不均衡系数均控制在 1.05 ~ 1.1 之间，即总的风量备用系数控制在 1.1 ~ 1.21 之间。将风量备用系数从传统的 1.25 ~ 1.5 降低至 1.1 ~ 1.21，节能幅度可达 31.9% ~ 47.5%，节电效益非常可观。虽然矿井供风量略有减少，但是通风电耗大幅下降，有效风量率和风速合格率反而提高，仍然可以取得优良的通风效果，实现高效低耗的合理通风。

9.5　矿井风量分配及通风阻力计算

通风单元或整个系统的供风量确定后，应按各工作地点实际所需要的风量并考虑漏风系数，进行风量分配。求得各井巷通过风量值后以此为依据，再根据风阻计算出通风系统的阻力，以此作为选择风机的依据。

9.5.1　风量分配的原则

风量分配的原则主要包括以下几个方面。

（1）采掘工作面、井下硐室、主溜井等需风点的供风量，应按照计算的需风量及所考虑的备用系数进行分配。为保证风流质量，应避免各采掘工作面串联通风。

（2）井下炸药库、破碎硐室和主溜井处应独立通风，回风流应直接导入总回风道或直通地表，否则必须采取净化措施。

（3）各风路分配的风量，应与该风路中阻力大小相吻合，否则应采取措施进行调节。

（4）多路进风、多路排风的通风系统，各路进风、各路排风的风量应与各路的风阻相适应。否则，会因分风不合理而产生附加功耗。解决的方法是按风量自然分配的规律进行解算，求出各路最合理的风量。

（5）在所有需风点和有风流通过的井巷中，最大风速必须符合《地下矿通风规范》

的规定。

9.5.2　风量分配的方法

通过矿井各井巷的风量，原则上应根据矿井各需风点的风量、在通风系统中所处的位置、漏风地点和漏风量来确定。为此必须详细分析矿井的漏风状况，力求使所确定的各巷道风量值接近实际。进行风量分配时，应将各井巷的风量值一一标在通风系统图和通风网路结构示意图上。漏风风路可用一条通大气的插入线来表示。压入式通风时，在进风段的终点上画一漏风风路引到地表，抽出式通风时，在回风段的始点上画一漏风风路连通地表大气，并标出漏风量，使通风网路保持风量平衡。

在设计工作中，具体漏风地点和漏风量的判定是非常困难的。因此，风量分配的方法，可按照是否具体考虑漏风情况分为以下两种：

（1）不考虑具体漏风情况的风量分配。这种方法不具体计算通风网络内的漏风量，而在风量备用系数 K 中加以考虑，即按所需风量与备用系数 K 相乘来进行分配。这种分配方法一般在新设计矿井时使用。

（2）考虑具体漏风情况的风量分配。当通风网路中具体漏风情况可以根据公式计算或实测时，可采用此法。分配方法是按实际所需风量分配到各工作面，在自工作面起沿逆风方向在应到达工作面的风量上加以需要补偿的漏风风量值，即为该巷道所需通过的风量。

新建矿井考虑具体漏风情况的风量分配，可根据矿井主要漏风地点的位置，漏风对通风系统的进风段、需风段和回风段的影响，在需风量的基础上分别乘以风量备用系数的全部、部分或不乘。一般来说，压入式通风系统中，主要漏风地点在进风段；抽出式通风系统中，主要漏风地点在回风段。考虑到这种情况，在风量分配时，可按下述简单处理方法进行计算：压入式通风系统的进风段，应在设计计算的需风量基础上与风量备用系数相乘，作为进风段各井巷的分配风量，而在需风段和回风段则可不考虑备用风量，只按设计计算的需风量进行分配。抽出式通风系统的回风段，应在设计计算的需风量基础上与风量备用系数相乘，作为回风段各巷道分配的风量，而进风段和需风段则可以不考虑备用风量，只按设计计算的需风量进行分配。

改、扩建矿井考虑具体漏风情况的风量分配，需要实测矿井漏风地点的漏风量，再按照实测资料和经验确定各地点的漏风量。根据各作业点的需风量和各漏风点的漏风量，依风量平衡原理，沿通风网路结构图确定各井巷的分配风量。对于新开拓的阶段，可参照上阶段的情况，只考虑主要漏风地点进行风量分配。

9.5.3　风量的按需分配与调控

一个通风网路，如果不采取任何风量调节措施而能实现所需的风量分配，是最经济和最有效的方法。因为在这种情况下总风阻最小，电耗最少，而且通风管理方便，是最理想的情况。但是实际上这样的巧合很少。所以应先根据通风网路结构情况、风阻及总风量，用计算机算出风量分配的情况。若与需风量基本相符，就不必再采取风量调节措施，否则应根据具体情况进行风量调节。

风量调控方法，可根据矿井实际情况，在主扇-风窗、主扇-辅扇、多级机站和单元调控等模式中创造性地灵活选用。

目前，计算机的应用逐步得到普及，在矿井通风设计中使用计算机计算给设计工作带来很多方便。根据通风网路的实际情况，把有关数据输给计算机，它已能自动解答应采取的风量调节措施，以及风量分配等情况。

9.5.4 矿井通风阻力的计算

当风量调节措施确定后，就可进行全矿通风阻力的计算。所谓全矿通风阻力，就是进风井巷口至出风井巷口的风流路线上压力损失的总和。

对于抽出式矿井来说，矿井通风总阻力就是从入风井口到扇风机风硐之间风流的全压差值。对于压入式矿井来说，矿井通风总阻力就是从扇风机风硐到出风井口所发生的风流能量损失值。

设计时必须注意，矿井通风总阻力一般不超过 3.00kPa，最大也不超过 4.00kPa，否则应对某些井巷（如总进风道或总回风道）采取降阻措施。

在进行阻力计算之前，为计算方便，先绘制通风系统示意图，如图 9-37(a) 所示，在通风系统图上将选定的路线（分别以最困难时期和最容易时期）从进风井口到回风井口逐点编号，再绘制成通风网路示意图，如图 9-37(b) 所示，然后将各巷道的风量及原始参数填入表 9-1 中。然后沿选定的路线分段计算摩擦阻力，其总和即为矿井总摩擦阻力：

$$h_f = h_{12} + h_{23} + h_{34} + \cdots + h_{(n-1)n} \tag{9-9}$$

式中 h_f——总摩擦阻力，Pa；
$h_{(n-1)n}$——各段摩擦阻力，用式(9-10)计算：

$$h_{(n-1)n} = \alpha \frac{LP}{S^3} Q^2 \tag{9-10}$$

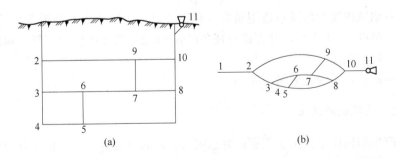

图 9-37 通风系统图与通风网路示意图

为便于计算和查验，可用表 9-1 的格式，沿着通风容易时期和困难时期的风流路线，依次计算各段摩擦阻力，然后分别累计得出容易时期和困难时期的总摩擦阻力。

根据有关设计资料介绍，全矿的局部阻力可根据总摩擦阻力进行估算。一般认为，总局部阻力大致等于总摩擦阻力的 10%~20%，即 $h_j = (0.1~0.2)h_f$。

因此矿井总阻力 $h_t = h_f + h_j = (1.1 ~ 1.2)h_f \tag{9-11}$

表 9-1　摩擦阻力计算表

时期	巷道序号	巷道名称	支护形式	α/N·s²·m⁻⁴	L/m	P/m	S/m²	S^3/m⁶	R_f/N·s²·m⁻⁸	Q/m³·s⁻¹	Q^2/m⁶·s⁻²	h_f/Pa
容易时期	1~2											
	2~3											
	3~4											
	…											
困难时期	1~2											
	2~3											
	3~4											
	…											

9.6　矿井主要扇风机的选择

9.6.1　扇风机的选择

在通风设计中，通常利用厂家提供的风机个体曲线产品样本来选择矿井主要扇风机，在具体选型时，必须计算通风系统要求扇风机提供的风量和风压。

9.6.1.1　扇风机的风量

扇风机的风量（Q_f）通常可按式(9-12)计算：

$$Q_f = \rho Q_t \tag{9-12}$$

式中　ρ——扇风机装置的风量备用系数（包括井口、反风装置和绕道等处的漏风），一般取 $\rho = 1.1$ 当风井有提升任务时 $\rho = 1.2$；当风机性能可靠、风墙不漏风时可取 1。

　　　Q_t——矿井要求的总风量，m³/s。

9.6.1.2　扇风机的风压

扇风机产生的风压不仅用于克服矿井总阻力，同时还要克服反向的矿井自然风压，扇风机装置的通风阻力以及矿井出口动压损失。扇风机的标准风压（H_f）可按式(9-13)计算：

$$H_f = h_t + H_n + h_r + h_v \tag{9-13}$$

式中　h_t——矿井总阻力，分别以容易和困难两个时期的阻力值代入，Pa；

　　　H_n——与扇风机通风方向相反的自然风压，Pa；

　　　h_r——扇风机装置阻力，包括风机风硐、扩散器和消音器的阻力之和，一般取 $h_r = 150 \sim 200$Pa；

h_v——出口动压损失，Pa，抽出式为扩散器出口动压损失，压入式为出风井口动压损失，若用扇风机静压特性曲线，则可不必计入此项阻力。

为了使所选风机能够适应矿井通风容易时期和困难时期，应分别计算出两个时期的两组风量 Q_f 与风压 H_f 数据。在扇风机个体特性曲线上找出相应的工况点，并要求这两个工况点均能落在某一扇风机特性曲线的合理工作范围内，即风机工况点应处于风机性能曲线峰点的右侧。轴流式风机工况点的风压不得超过风机性能曲线上最大风压的 90%~95%，风机效率 $\eta \geqslant 60\%$。判断所选主扇是否合适，要看上面两组数据所构成的两个时期的工作点，是否都在扇风机个体特性曲线上的合理工作范围内。

目前在金属矿山普遍推广使用的 K 系列新型矿用风机，叶片有多个档次的安装角，对应的个体特性曲线也是多个安装角的一组性曲线（见图 9-38）。选型时建议按照叶片安装角中间角度选用，将来要求增大风量或风压时，调大叶片安装角即可达到；若要降低风量或风压，调小叶片安装角即可实现，为风量及风压的调节留下了一定余地。另外，要注意有些风机厂家夸大其风机个体特性曲线的工作参数，而实际风机的性能并没有那么好，选用风机时必须把这些因素加以考虑，否则达不到设计的效果。

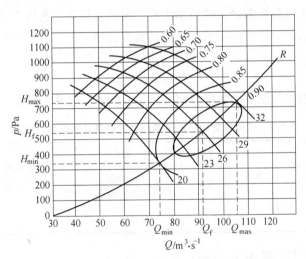

图 9-38 K40-№23 型风机风量-风压-效率曲线

根据风机工况点的 H_f 和 Q_f 以及在扇风机特性曲线上查出的相应的效率 η_f，即可根据式(9-14)计算扇风机的轴功率（kW）：

$$N_f = \frac{H_f Q_f}{1000\eta_f} \tag{9-14}$$

9.6.2 电动机的选择

目前在金属矿山普遍推广使用的新型矿用风机，是以 K 系列为代表的风机与电机一体化的组合装置，出厂时厂家已配置有匹配的电动机，通风设计时一般不必再选电动机。

如果风机没有配套电机，则需进行电动机额定功率的选择计算。通常根据通风容易与困难两个时期主扇风机的轴功率 N_f，计算出电动机的额定功率 N_e。

$$N_e = K \frac{N_f}{\eta_m \eta_e} \tag{9-15}$$

式中　K——电动机的容量备用系数，轴流风机取 $K = 1.1 \sim 1.2$，离心风机取 $K = 1.2 \sim 1.3$；

　　　η_m——传动效率，直联传动 $\eta_m = 1$，皮带传动取 $\eta_m = 0.95$；

　　　η_e——电动机效率，根据电动机产品目录查询，一般 $\eta_e = 0.85 \sim 0.95$。

按计算出的电动机额定功率及主扇要求的转速，从产品目录中选取电动机类型及容量。当扇风机功率不大，可选用异步电动机；若功率较大时，为了调整电网功率因数，宜选用同步电动机。

一般来说，所选电动机最好在通风容易时期与困难时期均能够满足要求。但是如果两个时期相差较大，且服务期均较长时，为使电机具有较高的运行效率，建议通风容易时期选用较小的电动机，在困难时期再换用较大的电机。

9.7　矿井通风费用的计算

矿井通风费用由设备折旧费、通风动力费、材料消耗费、通风人员工资、通风井巷折旧费和维护费、仪表的购置费等组成，具体计算方法如下。

9.7.1　设备折旧费

通风设备的折旧费与设备的数量及服务年限有关，按表 9-2 计算。

表 9-2　通风设备的折旧费与设备的数量及服务年限关系

序号	设备名称	计算单位	数量	单位成本	总成本/元			服务年限	每年折旧费/元	
					设备费	运输及安装费	总计		基建投资(d_1)	大修理(d_2)

回采每吨矿石的折旧费 M_1(元/吨) 为：

$$M_1 = (d_1 + d_2)/T \tag{9-16}$$

式中　T——年产矿石量，t。

9.7.2　通风动力费

主扇年耗电量 W_1(kW·h) 为：

$$W_1 = \frac{N_e t_1 t_2}{\eta_e \eta_t \eta_n} \tag{9-17}$$

式中　N_e——电动机输出功率；

　　　t_1, t_2——扇风机每年的工作天数及每天的工作小时数；

η_e, η_t, η_n——电动机、变压器、电网输电效率。

若局扇和辅扇的年耗电量为 W_2(kW·h)，则回采每吨矿石的通风动力费 M_2(元/吨) 为：

$$M_2 = (W_1 + W_2)u/T \tag{9-18}$$

式中　u——电费单价，元/（千瓦·时）。

9.7.3　材料费

材料费，包括各种通风构筑物（风桥、风门、风墙、风窗等）的材料费，扇风机和电动机的润滑材料等的费用。每吨矿石的通风材料费 M_3(元/吨)为：

$$M_3 = m/T \tag{9-19}$$

9.7.4　人员工资

每吨矿石的通风防尘人员的工资费用 M_4(元/吨)为：

$$M_4 = w/T \tag{9-20}$$

式中　w——矿井通风工作人员年工资总额，元。

9.7.5　专用通风井巷折旧费和维护费

分摊到每回采一吨矿石的专用通风井巷工程折旧费和维护费 M_5(元/吨)。

9.7.6　通风仪表的购置费和维修费

分摊到每回采一吨矿石的通风仪表的购置费和维修费 M_6(元/吨)。

矿井生产每吨矿石的通风总费用 M(元/吨)为：

$$M = M_1 + M_2 + M_3 + M_4 + M_5 + M_6 \tag{9-21}$$

 复习思考题

9-1　矿井通风设计的内容有哪些？

9-2　矿井通风设计的原则有哪些？

9-3　什么是统一通风、分区通风、单元通风？

9-4　矿井进风井与回风井的布置原则是什么？

9-5　什么是中央式通风系统、对角式通风系统、混合式通风系统？

9-6　进风井和回风井的布置原则有哪些？

9-7　矿井通风主扇安装地点如何选择？

9-8　如何计算矿井需风量？

9-9　矿井风量分配的原则是什么？

9-10　如何计算通风阻力？简述其计算步骤。

9-11　如何选择主扇？

9-12　图 9-39 和图 9-40 为某矿开拓系统，试作通风设计。采场为垂直走向布置，回采顺序由上向下，先用胶结充填回采矿柱，后用尾砂充填回采矿房。六个采场同时工作，采场每一水平分层矿量接采场宽 6m、高 2.5m、长 50m 计算。每个采场有两个人行天井及一个充填天井。每个采场 8d 爆破一次，最大炸药量 600kg，每个采场内同时使用浅孔凿岩机 2 台打眼。矿石由 755 中段主平硐运出在送往选厂。井巷的规格如表 9-3。请对此矿进行通风设计。

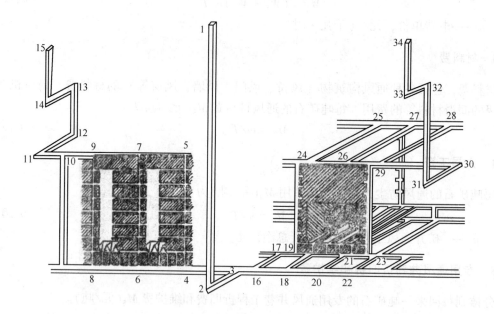

图 9-39　某矿开拓系统（一）

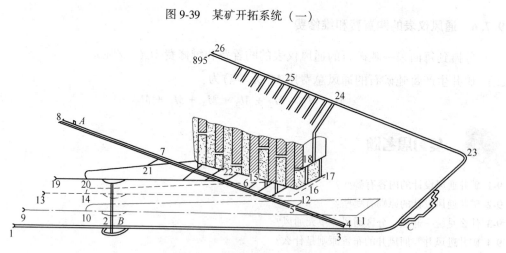

图 9-40　某矿开拓系统（二）

表 9-3　井　巷　规　格

序　号	井巷名称	支架形式	断面/m²	周长/m	长度/m
1-2	755 中段平巷	混凝土	6. 21	9. 57	250
2-3	755 中段平巷	混凝土	6. 21	9. 57	245
3-4	斜井联络道	混凝土	6. 21	9. 57	36
4-5	人行斜井	混凝土预制间隔支架	5. 36	8. 84	60
5-6	人行斜井	混凝土预制间隔支架	5. 36	8. 84	78
6-7	人行斜井	混凝土预制间隔支架	5. 36	8. 84	78
7-8	人行斜井	混凝土预制间隔支架	5. 36	8. 84	60
6-15	斜井联络道	混凝土	4. 13	7. 75	36

续表 9-3

序　号	井巷名称	支架形式	断面/m²	周长/m	长度/m
5-12	斜井联络道	混凝土	4.13	7.75	28
21-7	斜井联络道	混凝土	4.13	7.75	50
3-23	755 中段平巷	混凝土预制间隔支架	4	8.0	255
23-24	充填回风斜井	混凝土	4.88	8.43	250
24-25	充填回风斜井	混凝土	4.88	8.43	50
25-26	充填回风斜井	混凝土	4.88	8.43	50
9-10	785 平硐	混凝土预制间隔支架	4.13	7.75	185
10-11	785 中段平巷	混凝土预制间隔支架	4.13	7.75	235
11-12	785 中段平巷	混凝土预制间隔支架	4.13	7.75	200
13-14	815 中段平硐	混凝土预制间隔支架	4.13	7.75	125
14-15	815 中段平巷	混凝土预制间隔支架	4.13	7.75	176
15-17	815 中段平巷	混凝土预制间隔支架	4.13	7.75	76
17-16	815 中段平巷	混凝土预制间隔支架	4.13	7.75	50
16-18	采场人行天井	混凝土预制间隔支架	2.25	6.0	35
18-24	采场充填天井	混凝土预制间隔支架	2.25	6.0	80
19-20	845 中段平硐	混凝土预制间隔支架	4.13	7.75	55
20-21	845 中段平巷	混凝土预制间隔支架	4.13	7.75	90
21-22	845 中段沿脉及穿脉	混凝土预制间隔支架	4.13	7.75	180
20-22	845 中段沿脉	混凝土预制间隔支架	4.13	7.75	200

注：炸药库装药量小于 8t，卷扬机硐室电机容量为 120kW。

第 10 章　矿井通风测定和通风系统管理

【**教学要求**】　了解矿井通风检查与管理的主要内容；掌握矿井通风系统测定的程序、矿井通风测定前的准备工作，测风点布置要求，通风测定的主要仪器设备和用具，主扇装置性能测定方法，井巷最高风速规定，摩擦阻力系数和局部阻力系数测定方法；了解竖井通风阻力测定，矿井通风的组织管理，矿井通风系统的自动化管理，矿井通风系统评价指标，矿井通风系统测定与评价报告的编制等。

【**学习方法**】　学习本章内容要与前面所学知识和实验课内容综合起来，要熟悉常用通风测定仪器的原理、技术规格和使用方法，最好在现场实习时思考如何开展通风测定工作。

矿井通风受矿井生产条件和气候条件等因素的影响，是一个动态的系统，影响矿井通风及其系统稳定性的因素包括：矿井采掘工作面的位置和数量的变化，开采中段的变化，开采深度的变化；巷道风阻变化，运输提升设备状态的变化，通风调节控制装置工作状态的变化，爆破作业及放矿作业中通风动力的变化，自然风压的变化等。因此，一个好的通风系统需要日常不断的检测、维护和管理。

矿井通风常用的检测仪器主要有四类，常用的风速测量仪器有：叶轮式风表、数字风表和超声波风速仪表；矿井中常用的测压仪器主要有：空盒气压计、精密气压计、各类压差计；常用的粉尘采样器有：滤膜采样测尘仪器、快速测尘仪（直读式测尘仪）等；常用的温度、湿度测定仪器有：温度、湿度检测仪表、红外温度探测仪等。上述大多数仪器在前面的有关章节已经分别做了介绍。

矿井通风检查与管理的主要内容有：

（1）矿井空气成分（包括各种有毒有害气体）与矿内气候条件的检查。

（2）全矿风量和风速的检查。

（3）全矿通风阻力的检查。

（4）矿井空气含尘量的检查。

（5）矿井主扇工况的检查，辅扇和局扇工作情况的检查。

（6）根据生产情况的发展和变化，确定各个时期内全矿所需风量，并将风量合理分配到各需风地点。

（7）通风构筑物和主要通风井巷的检查和维护。

（8）有自燃发火矿井的火区密闭检查及全矿消防火的检查与处理等。

10.1　矿井通风测定

矿井通风测定包括以下几个方面：

（1）矿井通风系统测定与评价的目的。矿井通风系统测定与评价的目的是贯彻"安全第一、预防为主、综合治理"方针，对矿井通风系统各项技术经济指标进行测定，充分掌握矿井通风的第一手资料，科学客观地对矿井通风系统管理现状和运行效果进行评价，为完善矿井通风系统提供科学依据，提高矿井安全生产保障程度，改善井下作业面的工作环境。

（2）矿井通风系统测定与评价周期。地下矿山随着开采作业的不断进行，作业环境始终处于动态之中，只有定期地对矿井通风系统进行全面的测定与评价，才能发现矿井通风系统中存在的问题，挖掘通风潜力，有效地提出改善矿井通风系统的措施和对策。矿山企业要根据本矿山的实际情况，定期对井下风速、粉尘浓度、有毒有害气体等进行自检，其测定与评价结果作为申报安全生产许可证的材料之一。

（3）矿井通风系统测定与评价主要内容与程序。矿井通风系统测定与评价程序包括：准备阶段；通风系统技术指标的测定；资料整理分析与计算；通风系统技术指标的定量评价；提出完善通风系统的对策与措施；评价结论；编制矿井通风系统测定与评价报告。

10.1.1　测定前的准备工作

10.1.1.1　图纸及有关技术资料的准备和收集

图纸及有关技术资料的准备和收集包括以下几个方面：

（1）矿山生产概况。主要收集的资料包括矿山的年产量、采矿方法、开拓系统和通风系统情况、采场作业面的分布及数量、掘进工作面的分布及数量等。

（2）通风系统服务范围内的各中段平面图。中段平面图主要用以指导通风系统调查和布置测点。在中段平面图上必须标明该中段所有作业面的位置，主要通风构筑物位置，主扇、局扇和辅扇的安装位置，与相邻中段有联系的井筒及专用通风井巷的位置等。

（3）通风系统立体图。通风系统立体图应标有系统中所有通地表的井口、风机位置，通风构筑物位置，上下中段相联系的位置及系统内所有井巷中的风向等情况。

（4）通风系统管理制度和措施。收集和了解矿井通风系统的管理制度和采取的相关安全技术措施。

10.1.1.2　通风系统调查

矿井通风系统调查是进行通风系统测定与评价的基础和前提，主要包括如下内容。

（1）扇风机。主扇：型号、工作制度（运行时间）、工作方式、风量与风压、进风侧巷道长度、排风侧巷道长度、风机安装位置的标高、出风口标高、风机的电机功率、电压、电流及控制电机的仪表设施。辅扇：安装位置、工作方式、电机功率、有无密闭。局扇：安装位置、工作方式、电机功率等。

（2）通风构筑物。通风系统服务范围内所有构筑物的位置、种类、结构、质量等。

（3）井下作业面。井下作业面包括采场作业面、掘进工作面。

（4）矿井井巷风流。所有进风口、出风口的位置，井下所有井巷的风向及漏风情况等。

（5）通风网路。包括中段通风网路、采场（区）通风网路、角联风路、循环风路等。

（6）井下有毒有害物质。了解在井下生产过程中产生有毒有害物质的主要设备、场所和可能产生的有毒有害物质名称。

10.1.1.3　测风点布置

测风点布置合理与否将直接关系到测定的成败，因此在测定前必须对通风系统进行周密的实地调查，全面地掌握矿井情况，才能达到合理布置测点的目的。布置测点时，为了保证测点处的风流稳定，测点应布置在前后断面形状变化不大或比较均匀的直巷。巷道长度应为在测点前约等于 3 倍巷道直径，在测点后约等于 2 倍巷道直径。同时，测点布置还应满足以下要求：

（1）必须控制所有的进风口进入的风量，以便控制全矿总进风量。

（2）必须控制所有出风口的排风量，以便计算全矿总排风量。

（3）必须控制各中段所有进风点，以掌握中段风量分配情况。

（4）必须控制各中段内主要分风点的风量。

（5）必须控制各作业面（采场工作面、掘进工作面）所得到的新鲜风量，以掌握矿井主扇风量的利用和分配情况。

（6）必须控制全矿主要漏风点和循环风的风量情况。

10.1.1.4　仪器仪表、测定用具与记录表格的准备

矿井通风系统测定中需要使用的仪器仪表很多，必须事先准备并校正。在测定与分析中要使用的主要仪器设备和用具见表 10-1。

表 10-1　主要仪器设备和用具

序 号	名　称	用　途
1	复合智能气体检测仪	井下空气中 O_2、CO、SO_2、H_2S 等的测定
2	粉尘采样器	粉尘样品制备
3	气体采样器	气体样品制备
4	高、中、低风速测定仪	风量（风速）的测定
5	热球风速仪	微风速的测定
6	红外分光光度计	粉尘中 SiO_2 测定
7	精密电子天平	粉尘浓度测定
8	补偿压差计	压差测定
9	空盒气压计	大气压和温度的测定
10	皮托管	主扇装置压力的测定
11	钳形电流表	主扇电机电流测定
12	钳形电压表	主扇电机电压测定
13	功率因素表	主扇电机功率因素测定
14	滑尺、皮尺、钢卷尺	断面测定
15	秒表	风速测定

10.1.2 大气压力与温度的测定

大气压力 p 的测定一般采用空盒气压计在测点位置静置 10min 后直接读取。空气温度 t 一般由水银温度计读取，也可在空盒气压计上读取。由大气压力和空气温度近似计算出空气密度 ρ（精确计算见第 2 章），即式（10-1）：

$$\rho_{测} = 3.458 \times 10^{-3} \times p/(273 + t) \tag{10-1}$$

式中　p——大气压力，Pa；

　　　t——空气温度，℃。

10.1.3 风量测定与计算

通过某一巷道断面的风量为该断面平均风速与断面面积的乘积，即式（10-2）：

$$Q = vS \tag{10-2}$$

式中　Q——风量，m^3/s；

　　　v——测点实际风速，m/s；

　　　S——测点的断面积，m^2。

为了对测定结果进行统一比较，一般将实际风量换算成 $\rho_{标} = 1.2kg/m^3$ 状态下的标准风量，即式（10-3）：

$$Q_{标} = Q_{测}\rho_{测}/\rho_{标} \tag{10-3}$$

式中　$Q_{测}$——测定的实际风量，m^3/s；

　　　$\rho_{标}$——标准空气密度，$\rho_{标} = 1.2kg/m^3$；

　　　$\rho_{测}$——测定的实际空气密度，kg/m^3。

10.1.4 井下空气质量的测定

包括井下空气中 O_2、CO_2、SO_2、H_2S、CO、NO_2，风源含尘量和其他产生的有毒有害物质的测定。

其中空气中所包含的 O_2、CO_2、SO_2、H_2S、CO、NO_2，放射性等气体用仪器在现场直接测定；粉尘和其他有毒有害物质使用粉尘采样器和气体采样器采样，结合实验室仪器进行分析计算。

10.1.5 主扇装置性能测定与计算

主扇装置性能包括主扇风量、主扇风压、主扇电机功率和主扇效率的计算（具体见第 6 章）。

10.1.5.1 主扇风量的测定

主扇风量的测定通常在风硐内预先选定的适当断面上进行测定。由于通过风硐的风量和风速较大，一般使用高速风表测定断面上的平均风速；或者将该断面分成若干等份，用皮托管、压差计和胶皮管测定每个等份中心的动压，然后将动压换算成相应的速度，即 $v = \sqrt{\dfrac{2H_v}{\rho}}$，再计算出若干个速度的算术平均值作为断面的平均风速。断面平均风速与风硐断面面积的乘积等于通过风硐的风量，也就是主扇的风量。

10.1.5.2　主扇风压的测定

主扇风压的测定通常也是在风硐内测定风速的断面上进行。先在该断面上设置皮托管，再用胶皮管将皮托管的静压端与安设在主扇房内的压差计连接起来，当胶皮管无堵塞和漏气时，即可在压差计上读数，此读数为风硐内该断面上的相对静压 $H_{扇}$。

10.1.5.3　主扇功率的测定

为了计算主扇效率，应将拖动主扇的电动机输入功率测定出来。三相交流电机的功率通常采用钳形电流表、钳形电流表和功率因数表进行测定，并按式(10-4)计算：

$$N = \sqrt{3}\,UI\cos\varphi \tag{10-4}$$

式中　I——线电流，A；

　　　U——线电压，kV；

　$\cos\varphi$——电机功率因数；

　　　N——电机输入功率，kW。

10.1.5.4　单台主扇效率计算

主扇风量、主扇风压、主扇功率等数据测定计算出来后，按式(10-5)计算主扇效率：

$$\eta_{扇} = \frac{Q \times H}{1000N \times \eta_e \times \eta_d} \times 100\% \tag{10-5}$$

式中　$\eta_{扇}$——主扇效率；

　　　Q——主扇风量，kg/m^3；

　　　H——主扇风压，Pa；

　　　N——拖动主扇电机的输入功率，kW；

　　　η_d——主扇电机传动效率，直联取 100%，其他取 85%；

　　　η_e——主扇电机效率，参考表 10-2 取值。

表 10-2　电机效率选取参考

电机额定功率/kW	<50	50~100	>100
电机效率/%	85	88	89

10.1.5.5　全矿主扇总效率计算

全矿多台主扇同时运行时，其总效率按式(10-6)计算：

$$\eta_{总} = \frac{\sum\limits_{i=1}^{n} H_i \times Q_i}{1000 \sum\limits_{i=1}^{n} N_{fi}} \times 100\% \tag{10-6}$$

$$N_{fi} = N_{电i} \cdot \eta_{电i} \cdot \eta_{传i}$$

式中　　H_i——第 i 台主扇装置的实测风压，Pa；

n——主扇总台数；

Q_i——第 i 台主扇装置的实测风量，m^3/s；

N_{fi}——第 i 台主扇风机的输入轴功率，kW；

$N_{电i}$——第 i 台主扇电机输入功率，kW；

$\eta_{电i}$——第 i 台电机的效率，取值见表 10-2；

$\eta_{传i}$——第 i 台主扇装置的传动效率，直联取 1，其他取 0.85。

10.1.6　矿井自然风压测定

为了测定通风系统自然风压，以最低水平为基准面（线），将通风系统分为两个高度均为 z 的空气柱，计算井筒内空气柱的平均密度，应在密度变化较大的地方，如井口和井底，倾斜巷道的上下端，风温变化较大和变坡的地方布置测点，并在较短的时间内测出各点风流的绝对静压力 p，干湿球温度 t_d、t_w，湿度 φ。两测点间高差不宜超过 100m（以50m 为宜）。若各测点间高差相等，可用算术平均法求各点密度的平均值，具体见第 6 章。

10.1.7　利用风表或利用皮托管配合压差计测量漏风

如图 10-1 所示，井巷 AB 段中间有风漏入。用风表分别测量断面 A 和断面 B 的平均风速和断面积，并计算断面 A 与断面 B 之间的风量之差，即为漏入巷道 AB 内的漏风量。也可以利用皮托管配合压差计测算出断面平均风速，进而算出漏风量。此种方法适用于漏风量较大且断面 A 和断面 B 风速也较大（$v>5m/s$）的条件下。

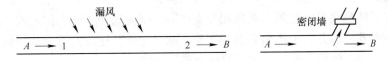

图 10-1　巷道漏风测算原理

10.1.8　通风系统单项指标标准

矿井通风系统单项指标评价标准参照《地下矿通风规范》的相关要求具体如下。

（1）井下空气质量标准。井下采掘工作面进风流中的空气成分（按体积分数计算），O_2 不得低于 20%（高原地区除外），CO_2 不得高于 0.5%。入风井巷和采掘工作面的风源含尘量不得超过 0.5mg/m³。井下作业地点的空气中有害物质的接触限值规定见第 2 章。

（2）井下风速（风量）要求。

1）按排尘风速计算，硐室型采场最低风速应不小于 0.15m/s，巷道型采场和掘进巷道应不小于 0.25m/s，电耙道和二次破碎巷道应不小于 0.5m/s。

2）井巷断面平均最高风速规定见表 10-3。

（3）有效风量率。矿井通风系统的有效风量率不得低于 60%。

（4）主扇装置效率。主扇装置效率要求不低于 60%。

表 10-3　井巷断面平均最高风速

序号	井 巷 名 称	最高风速/m·s⁻¹
1	专用风井，专用总进、回风道	15
2	专用物料提升井	12
3	风桥	10
4	提升人员和物料的井筒，中段主要进、回风道，修理中的井筒，主要斜坡道	8
5	运输巷道，采区进风道	6
6	采场	4

10.2　矿井通风阻力测定

矿井阻力测定是矿井通风测定的内容之一，由于矿井通风阻力测定比较复杂，本章专门安排一节加以讨论。矿井通风阻力测定的目的主要有：了解通风系统中阻力分布情况，以便降阻增风；提供实际的井巷摩擦阻力系数和风阻值，为通风设计、网路解算、通风系统改造、调节风压法控制火灾等提供可靠的基础资料。

10.2.1　测定路线选择和测点布置

如果测定目的是了解通风系统的阻力分布，其测定路线必须选择通风系统的最大阻力路线，因为最大阻力路线决定通风系统的阻力。不过，当通风系统处于平衡状态下，从地表入风口到地表排风口（中间不论经过哪些风路），风路的阻力总是一样大的。如果路线上有难以通过的巷道，可选择其并联分支进行测量。

如果测定目的是获得摩擦阻力系数和分支风阻，则应选择不同支护形式、不同类型的典型巷道，如平巷、竖井、工作面等进行测量。除此之外，还应该考虑选择风量较大、人员易于通过的井巷。测定的结果应能满足网路解算要求。

测点布置应考虑的是测点间压差不小于 10~20Pa。应尽量避免靠近井筒和风门，选择在风流比较稳定的巷道内布置测点。在进行井巷通风阻力系数测定时，要求测段内无风流汇合点、分岔点，测点前后 3m 的地段内巷道支护完好，没有堆积物。

10.2.2　一段巷道的通风阻力测算

10.2.2.1　压差计法

用压差计法测定通风阻力的实质是测量风流两点间的势能差和动压差，计算出两测点间的通风阻力。

在进行通风阻力测定时，巷道断面的平均风速常用风表测定。井下通风阻力测定的具体做法是：从第 1 个测点开始，在测点 1 和测点 2 处各置一个皮托管（或静压管）。在测点 2 的下侧 6-8m 处安设压差计。皮托管应设置在风流正常稳定的地点，其尖端正对风流。两测点压差测定后，为节省时间，可以保持测点 2 的皮托管（或静压管）和压差计暂时不动，只将测点 1 的皮托管连同胶皮管移动至测点 3，就可以进行第二段的测量。这时仪器位于两测点之间，为了减少人体挡风对测值的影响，只需一人测压读数。依次顺序前进，进到全部路线测定完毕。

一条通风系统路线的通风阻力要一次性测完全程，对于通风路线较长的系统，可分两组同时测定，一组测进风路线，从进风井口开始向回风系统测定；另一组测回风路线，从回风井口（或井底）开始向进风系统测定。直到两组相遇为止。

在进行通风系统阻力测定同时，每隔一定时间（一般 10~20min）读取该系统通风机房水柱计的示数一次。

10.2.2.2 气压计法

用气压法测定通风阻力，是用精密气压计测出测点间的绝对静压差，再加上动压差和位能差，以计算出通风阻力。

对于断面 1 和断面 2，用一台精密气压计分别测出其绝对静压 p_1、p_2；用风表测出平均风速 v_1、v_2；用干、湿温度计测气温 t_1、t_2 和相对湿度 φ_1、φ_2。然后根据各断面 p、t、φ 值求出各断面的空气密度 ρ。若两断面标高差不大，式中断面 1 和断面 2 之间空气柱的平均密度 ρ_m 可近似取为 $\dfrac{\rho_1 + \rho_2}{2}$；若两断面高差很大，则应分段测算空气密度，精确求出两断面的位能差。能量方程右面各基础数据测得后即可求出测段的通风阻力。

若用一台精密气压计分别测定 p_1，p_2 时，由于两点的测定不同时，在这一段时间内，地面大气压力可能发生变化，通风系统中由于风门的开启也可能使各地的风压发生变化，这些因素会严重影响测值精度。目前，通常使用两台温度漂移特性基本一致的精密气压计，采用逐点测定法或双测点同时测定法进行测定，基本上可以消除上述因素的影响。

双测点同时测定法的测定步骤如下：

（1）将 1 号、2 号两台仪器放在测点 1，待仪器读值稳定后同时读数，分别记为 $p_{1,1}$、$p_{1,2}$。

（2）1 号仪器原地不动，作为基点气压变化监测仪，将 2 号仪器移置测点 2，约定时间在测点 1、测点 2 分别读取两台仪器的读数，读值为 $p'_{1,1}$、$p'_{2,2}$。

（3）按式（10-7）算两测点的绝对静压差（p_1-p_2）：

$$p_1 - p_2 = (p_{1,2} - p'_{2,2}) - (p_{1,1} - p'_{1,1}) \tag{10-7}$$

式（10-7）中右端第一项为 2 号仪器在测点 1 和测点 2 测值的差；第二项为 1 号仪器在测点 1 不同时间的测差，它是前后两次读数时地面大气压变化（认为基点的气压变化与地面大气压变化是同步而且同幅度的）和通风系统内风压变化的修正值。如果此修正值很大，说明测定时通风系统不正常（风量也发生了变化），测定无效。如果修正值很小，可认为是地面大气压力的影响，予以修正。

设在测点 1，1 号、2 号两台仪器测出的相对气压分别为 $\Delta p_{1,1}$ 和 $\Delta p_{1,2}$；以 1 号仪器为监测仪，将 2 号仪器移置测点 2 后，同时测出在测点 1 的 1 号仪器的读值 $\Delta p'_{1,1}$ 和在测点 2 的 2 号仪器的读值 $\Delta p'_{2,2}$，则两测点的静压差 p_1-p_2 可按式（10-8）计算：

$$p_1 - p_2 = (\Delta p_{1,2} - \Delta p'_{2,2}) - (\Delta p_{1,1} - \Delta p'_{1,1}) \tag{10-8}$$

将式（10-8）代入式（10-7），即可求算测段通风阻力。

10.2.3　摩擦阻力系数值测算

根据通风阻力定律，若已测得巷道的摩擦阻力 h_f、风量 Q 和该段巷道的几何参数，参阅第 5 章相关公式，即可求得巷道的摩擦阻力系数 α。现场测定时应注意以下几点。

（1）必须选择支护形式一致、巷道断面不变和方向不变（不存在局部阻力）的巷道。

（2）准确测算 R_f 和摩擦阻力系数 α 值的关键是要测准 h_f 和 Q 值。测定断面应选择在风流较稳定的区段。在局部阻力物前布置测点，距离不得小于巷宽的 3 倍；在局部阻力物后布置测点，不得小于巷宽的 8~12 倍。测段距离和风量均较大时，压差不得低于 20Pa。

（3）用风表测断面平均风速时应和测压同步进行，防止由于各种原因（风门开闭、车辆通过等）使测段风量变化产生的影响。一般用压差计法测定 R_f 和 α 值。

10.2.4　局部通风阻力、风阻和阻力系数测定

现以测算转弯的局部阻力参数 h_1，R_1 和 ξ 值为例说明局部阻力测定方法。

如图 10-2 所示，用压差计法测出 1-2 段摩擦阻力 h_{R12} 和 1-3 段的通风阻力 h_{R13}，h_{R13} 中包括 1-3 段的摩擦阻力。摩擦阻力是与测段长度成正比的，故可按式（10-9）求出单纯巷道拐弯的局部阻力。

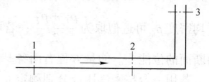

$$h_1 = h_{R13} - h_{R12} \cdot L_{13}/L_{12} \qquad (10\text{-}9)$$

图 10-2　转弯的局部阻力参数测定模型

式中　L_{12}，L_{13}——1-2、1-3 两测段长度。

由式（10-9）可知，拐弯的局部风阻 R_1 和阻力系数 ξ 为：

$$R_1 = h_1/Q^2 \qquad (10\text{-}10)$$

$$\xi = \frac{2S^2}{\rho}R_1 = \frac{2S^2 h_1}{\rho Q^2} \qquad (10\text{-}11)$$

10.2.5　竖井通风阻力测定

竖井通风测定原理和井下水平或倾斜巷道一样，测定法可用压差计法，也可以用气压计法。

10.2.5.1　压差计法

（1）进风竖井通风阻力测定。整个井筒的通风阻力包括井口、井底局部阻力和井筒全长的摩擦阻力三部分。当井筒较深且不能下人铺设胶管时，可采用吊测法测定，其方法是：

1）测定系统。由压差计、胶皮管、静压管和测绳等部件组成。其布置如图 10-3 所示。静压管是特制的，是感受风流绝对静压的探头。一般要求具有一定质量（约 2kg），防止风流吹动，同时又要防止淋水堵塞静压孔，其结构如图 10-4 所示。

2）测定方法。为了缩短测定时间，测定前应根据测定深度，预先将胶皮管与测绳绑扎好。连接好胶皮管，静压探头和压差计后，将静压管缓慢放入井筒中，开始每隔 5~10m 作为一个测点，读一次压差计示值，放下 30m 后，每 20~30m 读一次压差计示值，直至放到预

定深度为止。测定各断面与地面的势能差的同时，还应测定井筒的进风量。此外，测试人员还应乘罐笼测定井筒内空气压力和干、湿温度，以便计算井筒内的空气密度。

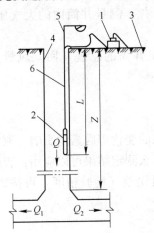

图 10-3 进风竖井通风阻力测定测点布置
1—单管压差计；2，3—静压管；
4—井筒；5—测绳；6—胶皮管

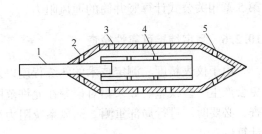

图 10-4 静压管结构
1—接管；2—系绳孔；3—外传压孔；
4—内传压孔；5—排水孔

（2）回风井通风阻力测定。测定系统有两种方式：一是在井盖上开个孔，供下放静压管；另一种方法是在风硐内的井口平台上放置压差计和下放静压管进行测定。

回风竖井上部井筒与风硐连接段风流不稳定，测定时首先确定井筒与风硐连接位置（标高）。测定系统布置如图 10-5 所示。对于抽出式通风的矿井，压差计的低压端（−）与主要通风机房水柱计传压管相连接；压差计的高压端（+）与连接静压管的胶皮管相接。测定时静压管穿过井盖放入井筒，慢慢下放静压管，记录其下放的深度，同时观察压差计液面变化，当静压管下放至风硐口处即可开始读数，以后每下放 20~30m 读取一次压差计的示数。一般静压管下放深度 100~150m，即可推算出回风井和风硐的通风阻力。

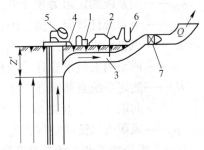

图 10-5 回风立井通风阻力测定测点布置
1—单管压差计；2—三通管；
3—风硐；4—胶皮管；5—测绳；
6—U 形水柱计；7—风机

当一个井筒担负多水平通风任务时，可采用上述方法分水平测定。即先测算第一水平的井筒通风阻力，将仪器移至下水平进行测定。这样即可测算整个井筒的通风阻力。

（3）测定数据处理。首先根据测定数据确定井口的局部阻力影响范围，在局部阻力影响区间以外的数据，采用线性回归方法确定摩擦阻力计算式 $h_R = a + bH$ 中的系数 a 和 b（H 为井深），然后计算出井筒全长的摩擦阻力，再根据井口受局部阻力影响段的实测数据即可确定井口的局部阻力 h_1。井底局部阻力可按前述的局部阻力测定方法进行。

10.2.5.2 气压计法

用气压计法测定竖井通风阻力一般采用基点法。基点设在井口外无风流动的地方。用两台仪器同时在基点读数后，一台留在基点（图 10-3 中压差计处），另一台移至井底风流比较稳定的地方。使用气压计时，井筒内的空气密度的测量精度对测量结果影响甚大，为了获得准确的结果，一般是乘罐笼分段（段长 50m 左右）测量井筒内的大气压 p 和干、湿度 t_d、t_w。

然后计算各段的空气密度，求其平均值，同时测量井筒的总进（回）风量，最后按第 5 章相关公式计算竖井筒的通风阻力。

10.2.6　测定结果可靠性检查

由于仪表精度、测定技术的熟练程度以及风流状态的变化等因素的影响，测定结果不免会产生一些误差。如果相对误差在允许范围之内，那么测定结果可以应用；否则进行检查，必要时需进行局部重测。通风系统阻力测定的相对误差（检验精度）可按式（10-12）计算：

$$e = \left| \frac{h_{Rs} - h_{Rm}}{h_{Rm}} \right| \times 100\% \qquad (10-12)$$

$$h_{Rm} = h_w - \frac{\rho}{2}v^2 \pm H_n$$

式中　e——测定结果的相对误差，当 $e \leqslant 5\%$ 时，结果可以应用，否则应检查原因或局部重测；

h_{Rs}——全系统测定阻力累计值，Pa；

h_{Rm}——全系统计算阻力值，Pa；

h_w——风机房水柱计读数，Pa，取该系统整个测定过程中读数的平均值；

v——风硐内安装水柱计感压孔断面的平均风速，m/s；

H_n——测定系统自然风压（测算方法参见本章和第 6 章），Pa；自然风压与风流同向取"+"，反之取"–"；

ρ——风硐内风流的空气密度，kg/m³。

在一个系统中若测量两条并联路线，结果可互相检验。如果通风状态没有大的变化，并联路线的测定结果则应相近。

在测定的过程中，应及时对风量进行闭合检查，在无分岔的线路上，各测点的风量误差不应超过 5%。

10.3　矿井通风系统的自动化管理

通风系统自动化管理的目的，在于借助各种自动化手段（包括计算机），及时了解通风系统状况，迅速做出反应，合理地调节风流，达到既能随时满足生产对通风的要求，又能减少风流浪费，节约电力消耗的目的。通风系统的自动化管理通常包括以下内容：（1）井下大气环境的自动检测。（2）通风系统状况的自动监视。（3）按照需要（或最佳方案）自动调节和分配分量。生产调度室将当日的生产作业地点和作业量通知通风控制室，按照实际的作业地点，启动掘进工作面的风扇并打开回采工作面的调节风门进行送风。不作业的工作面则关闭通风设备停止送风。主扇和各个支路的实际风量，主风道中的 CO 浓度以及主扇的风压、电流、电压，电机及轴承温度等都通过相应的传感器测出，并将信号发回控制室输入计算机。计算机对发回的信号进行处理后，在荧光屏上显示检测结果，并按时打印平均值，同时进行分析判断。一旦检测结果异常，则发现警报或做出相应处理。例如风流中 CO 浓度超过正常值，表明爆破作业已经开始，需要较大风量，于是控制风流调节机构动作，按爆破后通风所需的大风量进行通风。当风流中 CO 浓度恢复正常，表明爆破后通风过程已经结束，再控制风量调节机构，恢复正常通风。井下各通风设施、设备（如风门、扇风机等）的工作状况也有信号发往控制室，可通过工业电视直接观察。

如上所述，在一个通风自动化管理系统中，必须解决遥控、遥测和风量的自动调节等问题，以及编制计算机控制软件。

10.3.1 遥控与遥测

遥控过程中传送的指令信号有多个，多路信号的传输方式通常有频分制和时分制两类。频分制是将各路信号按照不同的频率发送和接收。时分制是按照时间的先后次序依次传送各种信号。

频分制的电路简单，故障较少，应用较广，但其交叉干扰比较严重。在频分制系统中，最简单的是采用单频信号，即用单一的频率信号代表一个控制指令。频率的发送和接收可采用定型生产的载频器来进行。信号通过专用传输线或 500V 以下的动力线来传递，如图 10-6 所示。

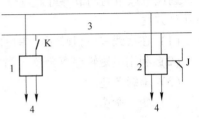

图 10-6 频率信号的传递
K—开关；J—继电器；
1—频率发送器；2—频率接收器；
3—信号传输线；4—工作电源

当需要进行某项控制时，由人或计算机发出命令使开关 K（或继电器）闭合，频率发送器所发生的信号通过传输线被相应频率的接收器所接收，频率接收器收到信号后使继电器 J 接通，于是控制各种执行机构（如风门、风机等）按要求动作风量、风压、温度、有毒气体浓度等。这些在通风自动化管理系统中，需要检测参量都是非电量，为了进行遥测，必须把它们变换成某种电量，然后加以传输。

10.3.1.1 风压的遥测

可用差压变送器将压差转换成电流输出。

10.3.1.2 风量的遥测

在固定断面中安装风速检测元件，并将测定值变换成电流（或电压）进行输出。
遥测风速的检测元件有以下几种类型。

（1）动轮式风速计。动轮为一组风叶或风杯，由风流推动旋转。根据它变换成电能的方式不同而分为接近开关式、电容式、光电式、发电机式等几种。

（2）热效式风速计。它利用热电效应的原理来测量风速，如热球（热线）式风速计。

（3）皮托管测风。将皮托管测得的动压接入差压变送器，转换成电流进行风速的遥测。

（4）超声涡流风速计。当风流进入探测空间，由于涡流杆的作用，在超声通道上产生对称的涡流来调制超声频率，涡流的个数与风速成线性关系。不同的风速使触发器产生不同的输出信号，从而可进行风速的遥测。

（5）温度的遥测。最简单的温度传感元件是热电阻和其他热敏元件，也有采用红外线辐射技术的。

（6）CO 气体浓度的遥测。可采用红外线吸收、光干涉、光谱法及定电位电解法等。我国生产的 DCO 一氧化碳检测仪是通过 CO 在电解池中的氧化还原反应过程，使工作极和补偿极之间产生电流，电流与 CO 含量成正比，根据电流值确定 CO 浓度。

10.3.1.3　风量调节执行机构

通风支路的风量调节机构，通常采用一种可以改变开启角度的百叶窗或风门。叶片或风门的状态，由频率发送器将讯号发送到地面控制室显示，地面控制室可根据需要发出信号，使叶片或风门转动。有一种调节风量的风门设有位置信号，其开启角度根据该支路中的风量检测结果由计算机自动控制。

扇风机风量的调节，可通过改变叶片安装角或扇风机转速来实现。扇风机的调速有以下几种方案：

（1）在绕线式电机转子内串电阻。

（2）利用电磁转差离合器（滑差调速）或液压联轴器。

（3）串级调速。

（4）变频调速。

10.3.1.4　微机控制

用计算机来进行自动控制，不仅速度快，精度高，而且能对控制过程进行优化。在通风系统的自动控制中，计算机主要担负以下任务。

（1）按照规定的程序发出自动检测信号。

（2）对发回的检测数据进行处理并显示和打印检测结果。

（3）根据检测结果进行判断和运算，选定控制方案。

（4）根据选定的控制方案，发出相应的控制信号使执行机构动作。

（5）监视通风设备的工作状况，一旦异常，则启动相应的处理程序进行处理或报警。

图 10-7 所示是某矿山通风自动化管理系统示意图，计算机的控制过程简述如下：

（1）将当前的作业地点输入计算机，计算机分别计算出各通风支路的风量和矿井总风量。

（2）将当前时间输入计算机，启动程序后进行时间显示，并每隔 1h 在打印检测结果时同时打印时间，因故障停车时也要打印出停车时间。

（3）每隔 1/16s，将所有参量全部检测一遍进行累计，每秒钟求平均值。

（4）为了防止执行机构动作过于频繁，规定每 12s 进行一次风量调节。首先根据单位体积为风流中的 CO 浓度，判断井下爆破作业是否已经开始。如果已经开始爆破，选择爆破后通风方案进行通风，即以爆破后通风的风量作为给定值来进行控制。当风量小于给定值时，执行机构动作使风量上调，将风量加大，直至满足爆破后通风的要求为止。

（5）如果根据单位体积内 CO 浓度判断，爆破后通风过程已经结束，则选择正常通风

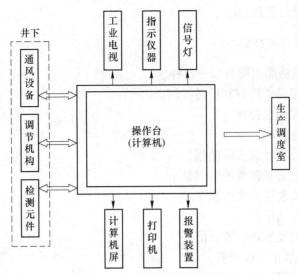

图 10-7　通风自动化管理系统结构例子

方案进行控制。该矿有三台主扇在一个系统中的不同井口上并联工作。正常通风方案是以保证各台主扇的风压相等且风量之和等于矿井需风量为原则，使全矿总的动力消耗最小，如果不满足这一条件，则控制调节机构动作，直至满足该条件为止。

（6）如果检测结果出现异常情况，则接通报警装置发出报警信号，或者自动停车，同时打印停车时间及当时各参量的检测结果。

（7）在正常情况下每隔 1min 将检测结果在荧光屏上显示一次，每隔 1h 将检测结果打印一次，同时打印时间备查。

10.3.2　铜陵冬瓜山铜矿矿井通风系统自动化管理

冬瓜山铜矿是千米深井、高温、大型（开采规模 300 万吨/年）铜矿床，为了保证深井开采通风降温与节能，矿井通风系统通过加大系统通风量（600m³/s），采用多级机站通风技术，系统Ⅰ级机站控制系统进风量并克服进风段通风阻力，Ⅱ级、Ⅲ级机站采用风机两两串并联形式控制系统总风量并克服采区及回风段通风阻力。将计算机网络通讯及变频驱动技术用于井下多级机站通风系统，实现远程集中监控，不仅可以解决多级机站通风系统控制和管理上的难题，也使多级机站通风系统成为名副其实的可控式通风系统，而且具有显著的节能效果。

10.3.2.1　系统监控范围

系统监控范围主要包括以下几个方面：

（1）监控的机站有 12 个，共有风机 26 台（总装机容量为 3527kW），其中有 25 台风机采用变频器进行启停和调速控制。

（2）风量监测的地点共有 11 处。

（3）监控系统通过通讯网络将位于地表调度室的主控计算机与置于井下的 Ethernet 通讯控制柜、远程 I/O 控制柜以及变频器相连，形成计算机通讯网络，从而通过主控计算机对每一台风机进行远程集中启停及调速控制，对风机运行状态和风机电流、运行频率、主要巷道风量等参数进行监控。

10.3.2.2 具体监控功能

系统具体的监控功能主要有以下几种。

（1）风机的远程启停控制和反转控制。

（2）风机的远程调速控制。

（3）风机的本地控制。

（4）风机开停及故障状态的监测显示。

（5）风机运行电流和频率的监测显示。

（6）主要进回风巷道风量监测显示。

（7）风机过载自动保护。

（8）风机启动前发出启动警告信号。

（9）机站允许/禁止远程控制。

（10）监测数据记录保存、统计及报表打印。

（11）通风系统状态参数的网络发布。

10.3.2.3 系统软硬件

整个系统的软硬件包括：

（1）监控系统硬件。工控计算机、Ethernet 通讯控制器、远程 I/O 智能模块、RS-485 中继器、变频器、风速传感器。

（2）通讯网络。光纤以太网（Ethellet）和 RS-485 通讯网络。

（3）监控软件。以基于 Windows XP 操作系统的工控组态软件，具有丰富的画面显示组态功能，使用图形化的控制按钮及动画显示，可清晰、准确、直观地进行控制操作和描述机站风机工作状态及工作参数。

该系统控制界面如图 10-8 所示。

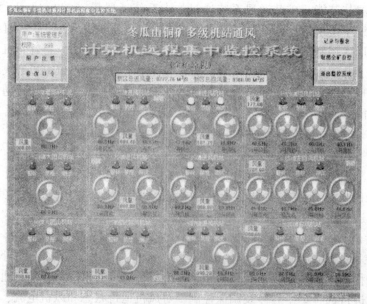

图 10-8　冬瓜山铜矿矿井通风系统自动化管理控制板

复习思考题

10-1 说明矿井通风检查的目的。

10-2 矿井通风检查与管理的主要内容是什么？

10-3 举例说明测定巷道阻力的方法和步骤。

10-4 举例说明测定罐笼竖井的通风阻力的方法和步骤。

第11章 矿井防尘

11.1 粉　　尘

11.1.1 粉尘的产生

在生产过程中产生和形成的、能较长时间在空气中悬浮的固体微粒被称为生产性粉尘。悬浮于空气中的粉尘称为浮尘，已沉落的粉尘称为积尘，我们检测和防治的重点就是浮尘。从胶体化学的观点来看，含有粉尘的空气是一种气溶胶，悬浮粉尘散布弥漫在空气中与空气混合，共同组成一个分散体系，分散介质是空气，分散相是悬浮在空气中的粉尘粒子。

在许多生产过程中都能散放出大量的粉尘。如化学工业、固体原材料、半成品的加工和成品的包装等过程中产生粉尘；轻工业在搪瓷、纺织以及皮毛加工等生产过程中产生粉尘；机械工业的铸造、研磨等工序产生粉尘；煤炭以及各种矿石、岩石的开采和加工产生粉尘；冶金工业的选矿、烧结、耐火材料等工序产生粉尘；农业的耕种、收获等也能产生粉尘。总之，粉尘的产生过程概括起来有两类：（1）机械过程：其中包括固体的粉碎、研磨等以及粉末状或散粒状物料的混合、过筛、输送、包装等；（2）物理化学过程：其中包括物质的不完全燃烧或爆炸，物质被加热时产生的蒸汽在空气中凝结或被氧化等。

表明粉尘产生状况的指标有：

（1）粉尘浓度（C）为悬浮于单位体积空气中的粉尘量，单位为 mg/m^3；

（2）产尘强度（G）为单位时间进入矿内空气中的粉尘量，单位为 mg/s；

（3）相对产尘强度（G'）为每采掘一吨矿（岩）所产生的粉尘量，单位为 mg/t。

11.1.2 粉尘的性质

固体块状物料被破碎成细小的粉状微粒后，除继续保持原有的主要物理化学性质外，还会出现许多新的特性，如爆炸性、带电性等。研究掌握这些特性对于粉尘的检测及防尘措施的制定有很强的指导意义。

11.1.2.1　粉尘的化学成分

粉尘的化学成分及含量直接决定着其对人体的危害程度。粉尘中所含游离二氧化硅的量越高，则引起尘肺病（也称肺尘埃沉着病，下同）变的程度越重，病情发展的速度越快，所以危害性也越大。

二氧化硅约占地壳的 60%~70%，总称为硅石，在地表分布极为广泛。其以结合型和游离型两种形态存在于自然界中。游离二氧化硅其中有无定型的，如硅藻土，致纤维化能力较弱；结晶型的，如石类，具有很强的致纤维化能力。结合型二氧化硅，如石棉、滑石，其致病力也因游离二氧化硅含量高低而不同。石棉肺症状在尘肺中最重，滑石肺症状较轻。

经研究证明，含游离二氧化硅浓度 70% 以上的粉尘所致尘肺，肺内弥漫性纤维性病变多以结节为主，进展较快且易融合成大的纤维团块；含游离二氧化硅浓度低于 10% 的粉尘所致尘肺，肺内病变则以间质纤维化为主，发展较慢且不易融合。以上说明粉尘中游离二氧化硅含量不同，所引起的尘肺表现形式也不同。

在尘肺发生中，除粉尘中游离二氧化硅这一关键因素之外，其他因素也不容忽视，如一些稀有元素和放射性物质，也能影响尘肺的发病和病程。

11.1.2.2　粉尘的分散度

粉尘的粒径分布称为粉尘的分散度。粉尘的粒径对球形粒子来讲是指它的直径。实际尘粒的形状大多是不规则的，只能用某一代表性的数值作为粉尘的粒径。例如，用显微镜法测定粒径时有定向粒径、长轴粒径、短轴粒径等；用液体沉降法测出的粒径称为斯托克斯粒径。生产性粉尘粒子大小通常用其直径——粒径（μm）来表示。粉尘的分散度不同、其存在的形态及对人体健康的危害有所不同。

分散度与粉尘在空气中的存留的时间有关。分散度愈高则粉尘粒子沉降愈慢，在空气中飘浮时间愈长。不同直径的粉尘，从呼吸带（1.5m 左右）降落至地面，所需时间差异很大，在静止空气中 10μm 的石英尘，数分钟就降落下来，1.0μm 的石英尘降落到地面需 5~7h，0.1μm 石英尘 24h 左右才能降落下来。

在矿井生产环境空气中的粉尘，以 10μm 以下者最多，其中 2μm 以下者占 40%~90%。这些粉尘造成对人体健康的损害成为防治的重点。

分散度与粉尘在呼吸道中的阻留有关。一般情况下 10μm 以上的尘粒，在上呼吸道沿途被阻留，5μm 以下的尘粒，可达到肺泡。硅肺尸检发现，肺组织中多数是 5μm 以下的尘粒，也有极个别的尘粒大于 5μm，粒径在 0.5μm 以下的粉尘，因质量极小，在空气中随空气分子运动，可随呼出气流排出。

分散度与粉尘的理化性质有关。粉尘分散度越高，则单位体积粉尘总表面积（单位体积中所有粒子的表面积的总和）越大，表面积大，理化活性高，易参与理化反应。同时粉尘能吸附气体分子，在尘粒表面形成一层薄膜，阻碍粉尘的凝聚，增加了粉尘在空气中的存留时间。粉尘表面积大，增加了吸附空气分子能力。

11.1.2.3　粉尘的溶解度

粉尘的溶解度大小与其对人体的危害程度的关系因粉尘性质的不同而不同。毒性粉尘，随着溶解度的增加，有害作用也加强；对人体主要起机械性刺激的粉尘，尘粒溶解得越迅速、越完全，危害性越小。

值得提出的是石英粉尘，虽然在体内溶解较少，但对人体的危害比较严重。

11.1.2.4　粉尘的荷电性

生产性粉尘所带电荷的来源有：在粉碎过程中形成或在运动中粉尘间互相摩擦而产生，粉尘吸附了空气中的离子而带电，也可以由其他带电表面直接接触而得到。粉尘粒子的荷电量取决于尘粒的大小和质量，同时受温度和湿度的影响，温度升高，则荷电量增高，湿度增加时，荷电量降低。

粉尘的荷电性对粉尘在空气中的稳定程度有一定影响，同性电荷相斥，增加了尘粒在空气中的稳定性。异性电荷相吸，则粒子在撞击时凝集而沉降。

粉尘的荷电性首先影响粉尘吸入人体后的阻留量。在其他条件相同的情况下，荷电粉尘在肺内阻留量达 70% ~ 74%，而非荷电的只有 10% ~ 16%。尘粒带电程度还能影响细胞吞噬作用的速度。

11.1.2.5　粉尘的形状和硬度

粉尘粒子的形状多种多样，有块状、片状、针状、线状及其他形状。粉尘粒子的形状在某种程度上影响粉尘在空气中的稳定性。质量相同的尘粒，其形状愈接近球形，则沉降时所受阻力愈小，沉降速度愈快。

带棱角坚硬的粉尘作用于呼吸道、黏膜和皮肤时能引起较大的损伤，对呼吸道有一定的机械性刺激。

11.1.2.6　粉尘的爆炸性

固体物料破碎后，总表面积大大增加，例如，边长 10mm 的立方体固体粉碎成边长 $1\mu m$ 的小粒子后，总表面积由 $600mm^2$ 增加到 $6m^2$，由于表面积增加，粉尘的化学活泼性大大加强。某些在堆积状态下不易燃烧的可燃物如糖、面粉、煤粉、硫黄、铝、锌等，当它以粉末状态悬浮于空气时，与空气中的氧有了充分的接触机会，在一定的温度和浓度等条件下，可能发生爆炸。各种可爆炸性粉尘最小浓度：煤尘为 $30 ~ 40g/m^3$；铝、淀粉、硫黄为 $7g/m^3$；糖为 $10.3g/m^3$。所以设计除尘系统时，必须高度注意，避免爆炸事故的发生。

11.1.2.7　可湿性

尘粒是否易被水（或其他液体）润湿的性质称为可湿性。根据粉尘被水润湿程度的不同可将粉尘分为两类：一类是容易被水润湿的如泥土等称为亲水性粉尘；另一类是难以被水润湿的粉尘如炭黑等称为疏水性粉尘。亲水性粉尘被水润湿后会发生凝聚、增重，有利于粉尘从空气中分离。疏水性粉尘则不宜采用湿法除尘。

粒径对粉尘的可湿性也有很大影响。$5\mu m$ 以下（特别是 $1\mu m$ 以下）的尘粒因表面吸附了一层气膜，即使是亲水性粉尘也难以被水润湿。只有当液滴与尘粒之间具有较高相对速度时，才能冲破气膜使其润湿。有的粉尘（如水泥、石灰等）与水接触后，会发生黏结和变硬，这种粉尘称为水硬性粉尘，不宜采用湿法除尘。

11.2　粉尘的防治

11.2.1　通风除尘

11.2.1.1　通风除尘的作用

通风除尘的作用是稀释和排出进入矿内空气中的粉尘。矿内各尘源在采取了防尘降尘措施后，仍有一定量的粉尘进入空气中，而且多为微细粉尘，能长时间悬浮于空气中。逐渐积累，粉尘浓度越来越高，将严重危害工人的人身健康。必须采取有效通风，稀释并排走粉尘，不使粉尘积聚。表 11-1 是几个矿山掘进工作面，凿岩时的测定资料，从中可看出通风的作用。

表 11-1　掘进工作面粉尘浓度

矿　山	粉尘浓度/mg·m⁻³	
	湿式作业　　未通风	湿式作业　　通风
锡矿山	3.6~6.6	0.4~1.5
盘古山	3.9~6.8	1.4~1.9
大吉山	3.5	2.0

为保证通风除尘的有效作用，要求新鲜风流具有良好的风质，《冶金地下矿山安全规程》要求：入风井巷和采掘工作面的风源含尘量不得超过 $0.5 mg/m^3$。

11.2.1.2　粉尘在井巷风流中的运动

（1）粉尘在风流中的悬浮与运动：粉尘特别是微细粉尘，在空气中的沉降与扩散运动是很小的，比风流速度要小很多。所以，粉尘主要是受风流的控制而运动。

在垂直井巷中，含尘气流上升运动时，只要风速大于粉尘沉降速度，粉尘即随风流运动。

在水平巷道中，风流运动方向与粉尘沉降方向相垂直，风速对粉尘的悬浮没有直接作用。但在井巷中，风流一般都是紊流，具有横向脉动速度，可与沉降速度方向相反。所以，只要风流是紊流且其横向脉动速度的均方根值等于或大于粉尘沉降速度，则粉尘能悬浮于风流中并随之运动。粉尘随风流运动，因脉动速度的变化、粒子形状不规则、粒子间的摩擦和碰撞等原因，是作不规则的运动。据一些资料介绍，紊流脉动速度约为风流平均速度的3%~10%。

（2）最低排尘风速：能使对人体最有危害的粉尘（呼吸性粉尘）保持悬浮状态并随风流运动的最低风速，称为最低排尘风速。许多研究人员对最低排尘风速进行了实验研究，给出不同数值。一般认为，最低排尘风速应不小于 $0.15 m/s$。我国《冶金地下矿山安全规程》规定：硐室型采场最低风速应不小于 0.15m/s；巷道型采场和掘进巷道应不小于 0.25m/s；电耙道和二次破碎巷道应不小于 0.5m/s。

排尘风速增大时，粒径稍大的尘粒也能悬浮并被排走，同时增强了稀释作用。在产尘强度一定的条件下，粉尘浓度将随之降低。当风速达到一定值时，作业场所粉尘浓度可降到最小值，此风速称为最优排尘风速。风速再增高时，粉尘浓度又随之增高，说明吹扬沉积粉尘的作用已超过了稀释粉尘的作用。

（3）扬尘风速：沉积于巷道底板、周壁以及矿岩等表面上的粉尘，当受到较高风速的风流作用时，可能再次被吹扬起来而污染风流，此风速称为扬尘风速，可参考式（11-1）确定：

$$v = K\sqrt{\rho_p d_p} \tag{11-1}$$

式中　v——扬尘风速，m/s；

ρ_p——粉尘的密度，kg/m^3；

d_p——粉尘粒径，m；

K——系数，取 10~16，粒径及巷道尺寸较大时取大值。

扬尘风速除与粉尘粒径和密度有关外，还与粉尘湿润程度、巷道潮湿状况、附着状况、有无扰动等因素有关。据试验，在干燥巷道中，不受扰动的情况下，赤铁矿尘的扬尘风速为 3~4m/s，煤尘扬尘风速为 1.5~2.0m/s。在潮湿巷道中，扬尘风速可达 6m/s 以上。粉尘二次吹扬，成为次生粉尘，造成严重污染。除控制风速外，及时清除积尘和增加粉尘湿润程度是常用的防尘方法。

11.2.2　水力降尘

水力降尘是矿山必须采取的一项有效而简便的防尘措施，按作用还可分为：用水湿润粉尘以抑制其飞扬扩散和用水捕捉悬浮于空气中的粉尘。

11.2.2.1　用水湿润粉尘

（1）洒水。在矿岩的装载、运输和卸落等生产过程和地点以及其他产尘设备和场所，都应进行喷雾洒水。粉尘湿润后，尘粒间互相附着凝集成较大尘团，同时增强了对巷道周壁或矿岩表面的附着性，从而抑制粉尘飞扬，减少产尘强度。某矿实测装岩过程洒水防尘效果是：

1）不洒水、干装岩时工作地点粉尘浓度大于 10mg/m^3；

2）装岩前一次洒水时工作地点粉尘浓度约为 5mg/m^3；

3）分层多次洒水时工作地点粉尘浓度小于 2mg/m^3。

洒水要利用喷雾器进行，这样喷洒均匀，湿润效果好，耗水量少。洒水量应根据矿岩的数量、性质、块度、原湿润程度及允许含湿量等因素确定，一般每吨矿岩可洒水 10~20L。生产强度高，产尘量大的设备或地点，应设自动洒水装置。

凿岩、出碴前，应清洗工作面 10m 内的岩壁。进风道、人行道及运输巷道的岩壁，每季应至少清洗一次。

（2）湿式凿岩。湿式凿岩是通过凿岩机钎杆的中孔，将压力水送入钻孔底部，湿润，冲洗并排出生成的粉尘。有中心供水与旁侧供水两种供水方式，目前生产较多的是中心供水式凿岩机。为保证湿式凿岩的捕尘效果，应注意以下问题：

1）供水量。要有足够的供水量，使之充满孔底。钎头出水孔要尽量靠近钎刃，使粉尘生成后能立即被水包围湿润，防止因与空气接触，粉尘表面形成吸附气膜而影响湿润效果。钻孔中水充满程度越好，效果越好。各类凿岩机出厂时，都有供水量的要求。

2）避免压气或空气混入清洗水中。压气或空气混入清洗水中，一方面尘粒表面可形成气膜，另一方面微细粉尘能附于气泡而逸出孔外，凿岩机的风路和水路应严密隔离。中心供水凿岩机的水针磨损、过短、断裂或各活动件间隙增大，是产生空气混入的主要原因。

3）水压。它直接影响凿岩供水量，尤其是上向凿岩，水压高能保证对孔底的冲洗作用。但中心供水凿岩，要求水压比风压要低 0.05~0.1MPa，因水压高时，压力水可能进入机膛，冲刷润滑油，影响凿岩和除尘效果。故一般要求水压不低于 0.3MPa。

旁侧供水凿岩机既可避免压力水进入机膛和压气混入水中的现象，又可适当提高水压，可提高捕尘效率，但存在钎尾加工麻烦，容易断钎，供水套易磨损漏水等问题。

4）防止泥浆飞溅和二次雾化。从钻孔中流出的泥浆可能被压气雾化而形成二次粉尘，这在凿岩产尘中占有很大比例。特别是上向凿岩时，要采取泥浆防护罩、控制凿岩机排气方向等防止措施。

11.2.2.2 用水捕捉悬浮粉尘

把水雾化成微细水滴并喷射于空气中，使之与尘粒相碰撞接触，则尘粒可被捕捉而附于水滴上或者被湿润尘粒相互凝集成大颗粒，从而加快其沉降速度。这种措施对高浓度粉尘降尘效果较好。如图 11-1 所示是爆破后喷雾降尘的效果曲线图。

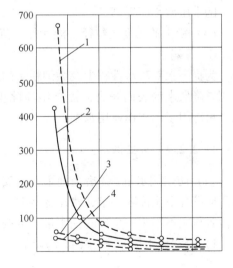

图 11-1 爆破区喷雾、通风与粉尘浓度的关系
1—无喷雾、无通风；2—无喷雾、有通风；
3—有喷雾、无通风；4—有喷雾、有通风

A 水滴捕尘作用

水滴捕尘的作用主要包括以下三种类型。

（1）惯性碰撞。如图 11-2 所示，直径为 D 的水滴与含尘气流具有相对速度 v，气流流经水滴时，产生绕流流过。尘粒的密度较大，因惯性作用将保持其运动方向，在一定范围 d 内的尘粒可碰撞并黏附于水滴上。相对速度越大，所能捕获的尘粒粒径越小，$1\mu m$ 以上的尘粒主要是靠惯性碰撞作用捕获。

（2）扩散作用。$0.25\mu m$ 以下的尘粒，质量很小，能随风流动而运动，其扩散运动速度增强。在扩散运动过程中，可与水滴相接触而被捕获。

（3）凝集作用。气体含有水分，当气温降低到露点时，在尘粒表面能形成凝结水，增加了尘粒的直径和湿润性，更易于被水滴捕获并凝集成较大颗粒而加快沉降。水滴与尘粒的荷电性亦能促进尘粒的凝集。

B　影响水滴捕尘效率的因素

影响水滴捕尘效率的因素主要有以下几个方面:

(1) 水滴的粒径与分布密度。水滴越细,分布密度越大,与粉尘接触机会就越多,降尘效果越好。但水滴过小 (<30μm),在空气中蒸发速度快,即使喷雾初期捕获到的尘粒在蒸发时也会释放掉。据试验,不同粒径的尘粒有其最适宜的水滴粒度,尘粒粒径小,要求水滴也小,对 5μm 以下的微尘,最适宜水滴直径为 40~50μm,最大不宜超过100~150μm (图 11-3)。

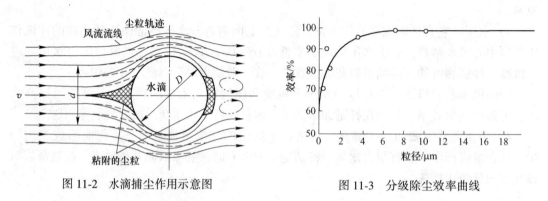

图 11-2　水滴捕尘作用示意图　　　　　图 11-3　分级除尘效率曲线

(2) 水滴喷射速度。速度高则动能大,与尘粒碰撞时有利于克服水的表面张力而湿润尘粒。提高水压可提高喷射速度、减小水滴直径,增加分布密度。在一定范围内,降尘效率随水压增大而提高。

(3) 粉尘的浓度、粒径、湿润性、荷电性等也对水滴捕尘效率有一定的影响。

C　湿润剂

为提高水对疏水性粉尘及微细粉尘的湿润能力,可向水中加入湿润剂。湿润剂的主要作用是降低水的表面张力,提高湿润除尘效果。我国现有 CHJ-1 型、HY 型等多种湿润剂,可应用于湿式作业用水中。

11.2.2.3　防尘供水

(1) 防尘用水量。《冶金地下矿山安全规程》规定,防尘用水应采用集中供水方式,水质应符合卫生标准要求,水中固体悬浮物应不大于 150mg/L;pH 值应为 6.5~8.5,贮水池容积应不小于一个班的耗水量。可按经常用水量与集中用水量分别计算,取其大值。

1) 经常用水量 Q_1 按式(11-8)计算:

$$Q_1 = K \left(N_1 q_1 \eta_1 + N_2 q_2 \eta_2 + \frac{A q_3}{1000} + q_4 \right) \tag{11-2}$$

式中　K——管路漏水系数, $K = 1.05 \sim 1.1$;

　　　N_1——凿岩机台数;

　　　q_1——单台凿岩机供水量, m^3/h,

　　　η_1——凿岩机同时工作系数,小于 10 台 η_1 取 1.0~0.85, 11~30 台 η_1 取 0.84~0.75, 31~60 台 η_1 取 0.75~0.65;

　　　N_2——使用喷雾器个数;

q_2——单个喷雾器耗水量，m^3/h；

η_2——喷雾器同时工作系数，η_2 一般取 0.7；

A——矿井平均小时出矿量，t/h；

q_3——每吨矿岩洒水量，一般取 10~20 L/t；

q_4——其他防尘用水量，m^3/h。

2）集中用水量 Q_2 爆破前后用水比较集中，可按式（11-3）计算：

$$Q_2 = K\left(N_2 q_2 \eta_2 + N_5 q_5 + \frac{N_6 q_6 S}{1000t} + q_4\right) \qquad (11\text{-}3)$$

式中 N_5——同时爆破工作面数；

q_5——每个工作面平均喷洒水量，m^3/h；

N_6——同时洗壁工作面数；

q_6——单位面积巷道壁洒水量，$1\sim2L/m^2$；

S——每个工作面洒水面积，m^2，按 10m 巷道计算；

t——洒水时间，h。

考虑预计不到的因素，应加一定的备用水量，还应按满足 2~3h 的消防用水量（2~3个喷嘴同时工作，每个喷嘴耗水量 2.5L/s）进行校核。

（2）水压及水压调节。作业地点的水压取决于与贮水池的高差，可近似地按垂高每 10m 的静水压力为 0.1MPa 计算。不同类型的凿岩机和喷雾器的工作水压，都有一定范围的要求，而且矿山又常是多阶段同时作业，各工作地点的水压不同，故需进行水压调节。常用的水压调节方法有：中间降压站、自动减压阀和普通水阀门等。

中间降压站是每隔 2~3 个阶段，设中间贮水池作降压站。从主贮水池经主供水管向各中间贮水池供水，再由中间贮水池向该区下部阶段供水。中间贮水池需设水位自动控制装置，以防溢流。

中间降压站应满足本区最困难作业条件水平，其他作业地点，可根据对水压的要求，采用自动调节阀或普通水阀门进行局部调节。

11. 2. 3 密闭与净化

11. 2. 3. 1 密闭

密闭的目的是把局部尘源所产生的粉尘限制在密闭空间之内，防止其飞扬扩散，污染作业环境，同时为抽尘净化创造条件。密闭净化系统由密闭罩、排尘风筒、除尘器和扇风机等组成。矿山用密闭有以下形式。

（1）吸尘罩。尘源位于吸尘罩口外侧的不完全密闭形式，依靠罩口的吸气作用吸捕粉尘。由于罩口外风速随距离而急速衰减，控制粉尘扩散的能力及范围有限，适用于不能完全密闭起来的产尘点或设备，如装车点、采掘工作面、锚喷作业等。

（2）密闭罩。将尘源完全包围起来，只留必要的观察口或操作口。密闭罩防止粉尘飞扬效果较好，适用于比较固定的产尘点和产尘设备，如皮带运输机转载点、干式凿岩机、破碎机、翻笼、溜矿井等。

11.2.3.2　抽尘风量

（1）吸尘罩。为保证吸尘罩吸捕粉尘的作用，按式（11-4）计算吸尘罩的风量 Q：

$$Q = (10x^2 + A)v_a \tag{11-4}$$

式中　x——尘源距罩口的距离，m；

A——吸尘罩口断面积，m^2；

v_a——要求的粉尘吸捕风速，m/s，矿山一般取 $1\sim2.5m/s$。

（2）密闭罩。如矿岩有落差，产尘量大，粉尘可逸出时，需采取抽出风量的方法，在罩内形成一定的负压，使空气流经缝隙向内造成一定的风速，以防止粉尘外逸。风量主要考虑如下两种情况。

1）罩内形成负压所需风量 Q_1 可按式（11-5）计算：

$$Q_1 = \Sigma A\mu \tag{11-5}$$

式中　ΣA——密闭罩缝隙与孔口面积总和，m^2；

μ——要求通过孔隙的气流速度，m/s，矿山可取 $1\sim2m/s$。

2）矿岩下落形成的诱导风量 Q_2。某些产尘设备，如运输机转载点、破碎机供料溜槽、溜矿井等，矿岩从一定高度下落时，产生诱导气流，使空气量增加且有冲击气浪。所以，在风量 Q_1 基础上还要加上诱导风量 Q_2。

诱导风量 Q_2 与矿岩量、块度、下落高度、溜槽断面积和倾斜角度以及上下密闭程度等因素有关，目前多采用经验数值。各设计手册给出了典型设备的参考数。表 11-2 是皮带运输机转载点抽风量参考值。

表 11-2　皮带运输转载点抽风量

溜槽角度 /(°)	高差/m	物料速度 /m·s^{-1}	粉尘浓度/mg·m^{-3}					
			500			1000		
			Q_1	Q_2	Q_1+Q_2	Q_1	Q_2	Q_1+Q_2
45	1.0	2.1	50	750	800	200	1100	1300
	2.0	2.9	100	1000	1100	400	1500	1900
	3.0	3.6	150	1300	1450	600	1800	2400
	4.0	4.2	200	1500	1700	800	2100	2900
	5.0	4.7	250	1700	1950	1000	2400	3400
60	1.0	3.3	150	1200	1350	500	1700	2200
	2.0	4.6	250	1600	1850	950	2300	3250
	3.0	5.6	350	2000	2350	1400	2800	4200
	4.0	6.5	500	2300	2800	1900	3300	5200
	5.0	7.3	600	2600	3200	2400	3700	6100

11.2.3.3　密闭抽尘净化系统

密闭抽尘净化系统一般由密闭（吸尘）罩、风筒、除尘器及风机等部分组成，风筒与扇风机的选择参见通风部分，应根据具体条件设计。矿井有许多产尘量大且比较集中的尘源，为保证作业环境的粉尘浓度达到卫生要求和不污染其他工作地点，采取抽尘净化系统，就地消除粉尘，是经济而有效的方法。如掘进工作面、溜矿井、装载站、破碎机、运输机、锚喷机、翻笼等尘源，皆可考虑采取这一防尘措施（图11-4）。其应用情况简介如下：

（1）溜矿井密闭与喷雾，适用于作业量较少，产尘量不高的溜井，如图11-5所示是溜矿井密闭与喷雾系统的一例。井口密闭门采用配重方式关启。平时关闭，卸矿时靠矿石冲击开启。喷雾与卸矿联动，可采取脚踏、车压、机械杠杆、电磁阀等控制方式。如产尘量较大，也可设吸尘罩抽尘净化。

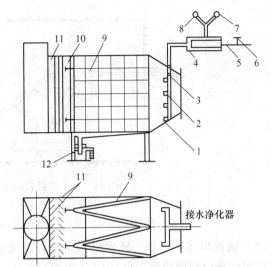

图 11-4　湿式过滤除尘器示意图

1—箱体；2—喷嘴；3—供水管；4—水净化器；
5—总供水管；6—水阀门；7—水压表；8—水电继电器；
9—滤料架；10—松紧装置；11—挡水板；12—集水筒

（2）溜井抽尘净化，适用于卸矿频繁，作业量大，产尘量高的溜井，如图11-6所示是溜井抽尘净化系统的一例。在溜井口下部，开凿一专用排尘巷道，通向附近的进（排）风巷道。在排尘巷道中设置风机与除尘器，抽出溜井内含尘风流的诱导风流，配合良好的溜井口密闭，可取得较好的防尘效果。

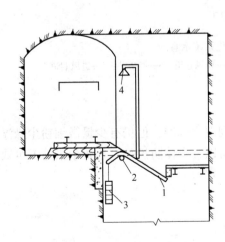

图 11-5　溜矿井密闭示意图

1—活动密闭门；2—轴；3—配重；4—喷雾器

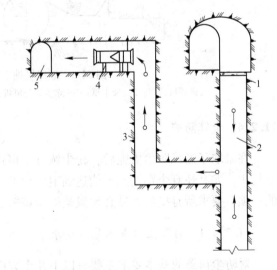

图 11-6　溜井抽尘净化系统示意图

1—溜井口格筛；2—溜井；3—排尘巷道；
4—除尘器及风机；5—排风巷道

（3）干式凿岩捕尘。在不宜使用湿式凿岩时，可采用干式捕尘系统。图11-7为中心抽尘干式凿岩捕尘系统的一个例子。抽尘系统用压气引射器作动力（负压为 30~50kPa），粉尘经钎头吸尘孔、钎杆中孔、凿岩机导尘管及吸尘软管排到旋风积尘筒，大颗粒在积尘筒内沉降，微细尘粒经滤袋净化后排出。

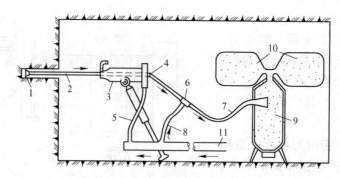

图 11-7　干式凿岩捕尘系统示意图

1—钎头；2—钎杆；3—凿岩机；4—接头；5—压风管；6—引射器；7—吸尘管；

8—压风管；9—旋风积尘筒；10—滤袋；11—总压风管

（4）破碎机除尘。井下破碎机硐室应有进风巷道与排风巷道，风量按每小时 4~6 次换气次数计算。破碎机要采取密闭抽尘净化措施。图 11-8 是井下颚式破碎机密闭抽尘净化系统的一个例子。为避免矿尘在风筒内沉积，筒内排尘风速取 15~18m/s。

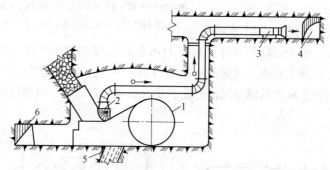

图 11-8　破碎机抽尘净化系统示意图

1—破碎机密闭；2—吸尘罩；3—除尘格与风机；4—排风巷道；5—溜矿井；6—进风巷道

11.2.4　个体防护

在采取了通风防尘措施后，粉尘浓度虽可达到卫生标准，但仍有少量微细粉尘悬浮于空气中，尤其还有个别地点不能达到卫生标准。所以，个体防护是综合防尘措施不可缺少的一项，要求所有接尘人员必须佩戴防尘口罩。

11.2.4.1　对防尘口罩的基本要求

对防尘口罩的基本要求主要有以下几个方面。

（1）呼吸空气量。因劳动强度、劳动环境及身体条件不同，呼吸空气量也不同，可参考表 11-3。

表 11-3　运动状况与呼吸空气量

运动状况	呼吸空气量/L · min⁻¹	运动状况	呼吸空气量/L · min⁻¹
静　止	8~9	行　走	17
坐　着	10	快　走	25
站　立	12	跑　步	64

矿工的劳动比较紧张而繁重，一般在 20~30L/min 以上。

（2）呼吸阻力。一般要求，在没有粉尘、流量为 30L/min 的条件下，吸气阻力应不大于 50Pa，呼气阻力不大于 30Pa，阻力过大将引起呼吸肌疲劳。

（3）阻尘率。矿用防尘口罩应达到 I 级标准，即对粒径小于 5μm 的粉尘，阻尘率大于 99%。

（4）有害空间。口罩面具与人面之间的空腔，应不大于 180cm³，过大则影响吸入新鲜空气量。

（5）妨碍视野角度。应小于 10°，主要是下视野。

（6）气密性。在吸气时，应无漏气现象。

11.2.4.2 防尘口罩的类型及性能

国产几种防尘口罩的型号及性能，见表 11-4。

表 11-4 防尘口罩的型号及性能

| 类型 | 型号 | 阻尘率/% | 阻力/Pa | | 妨碍视野角/(°) | 质量/g | 空腔/cm³ |
			吸气	呼气			
简易型	武安 303 型	97.2	13		5	33	195
	湘劳 I 型	95	8.8		5	24	
	湘冶 I 型	97	11.76		4	20	120
	武安 6 型	98	9.12	8.43	8	42	140
复式	武安 301 型	99	29.4	25.48	5	142	108
	武安 302 型	99	19.6	29.4	1	126	131
	武安 4 型	99	12.25	12	3	122	130
	上海 803 型	97	49	27.5	8	128	150
	上海 305 型	98	25.87	17.25	7	110	150
逆风	AFK 型	99				900	
防尘帽	AFM 型	95				1100	

11.3 粉尘的测定

生产场所空气中粉尘测定的项目较多，但目前从卫生学角度规定，主要测定项目有粉尘浓度、粉尘分散度及粉尘中游离二氧化硅含量的测定。

粉尘浓度是指单位体积空气中所含粉尘的质量或数量。粉尘浓度的计量方法有质量法和数量法两种，质量粉尘浓度以毫克/立方米（mg/m³）表示，数量粉尘浓度以粒/立方厘米表示。

粉尘分散度为各粒径区间的粉尘数量或质量分布的百分比。粉尘分散度的计量方法有数量分布百分比和质量分布百分比两种，都以%表示。

粉尘中游离二氧化硅含量为粉尘中结晶型的二氧化硅含量的百分比，以%表示。

11.3.1　粉尘浓度的测定

为了了解和评价作业场所空气中粉尘对人体健康的危害程度，研究改善防尘技术措施以及评价其效果，都需要对粉尘浓度进行测定。

目前，我国卫生标准中粉尘最高允许浓度的指标是采用质量浓度。因此在国家标准（CB 5748—1985）"作业场所空气中粉尘测定方法"中采用质量法。因为用质量法所测得的粉尘浓度准确性较高，且尘肺的发生和发展与生产现场空气中的粉尘质量浓度有一定的关系。

由于我国以质量浓度为标准，因此这里我们研究滤膜测尘方法。

11.3.1.1　原理

抽取一定体积的含尘空气，将粉尘阻留在已知质量的滤膜上，由采样后滤膜的增量，求出单位体积空气中粉尘的质量浓度（mg/m^3）。

11.3.1.2　主要器材

滤膜测尘方法中用到的主要器材包括以下几种：

（1）采样器：采用经过国家防尘通风安全产品质量监督检验测试中心检验合格的，并经国务院所属部委一级鉴定的粉尘采样器。在需要防爆的作业场所采样时，用防爆型粉尘采样器，采样器附带有采样支架。

（2）滤膜：滤膜测尘法是以滤膜为滤料的测尘方法。测尘所用滤膜一般有合成纤维与硝化纤维两类。我国测尘主要用的是合成纤维滤膜。由直径 $1.25 \sim 1.5\mu m$ 的一种以高分子化合物过氯乙烯制成的超细纤维构成物，所组成的网状薄膜孔隙很小，表面成细绒状，不易破裂，具有抗静电性、憎水性、耐酸碱和质量轻等特点，纤维滤膜质量稳定性好，在低于 55℃ 的气温下不受温度变化影响。当粉尘浓度低于 $50mg/m^3$ 时，用直径为 40mm 的滤膜；高于 $50mg/m^3$ 时，用直径为 75mm 的滤膜。当过氯乙烯纤维滤膜不适用时，改用玻璃纤维滤膜。

（3）采样头、滤膜夹及样品盒：采样头一般采用武安Ⅲ型采样头，如图11-9所示，采样头可用塑料或铝合金制成，滤膜夹由固定盖、锥形环和螺丝底座组成。滤膜夹及样品盒用塑料制成。

（4）气体流量计：常用 $15 \sim 40L/min$ 的转子流量计，也可用涡轮式气体流量计，需要加大流量时，也可用 $40 \sim 80L/min$ 的流量计，其精度为±2.5%。流量计至少每半年用钟罩式气体计量器、皂膜流量计或精度为±1%的转子流量计校正一次。若流量计管壁和转子有明显污染时，应及时清洗校正。

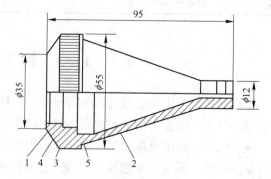

图 11-9　滤膜采样头

1—顶盖；2—漏斗；3—固定盖；4—锥形环；5—螺丝底座

（5）天平：用感量为 0.0001g 的分析天平。按计量部门规定，每年检定一次。

（6）秒表或相当于秒表的计时器。

（7）干燥器：内盛变色硅胶。

11.3.1.3 测定工作

滤膜测尘的测定工作包括以下两个步骤。

（1）准备滤膜。将干燥器中的待用滤膜，用镊子取下滤膜两面的衬纸，置于天平上称量，记下初始质量，然后装入滤膜夹，放入带编号的样品盒内备用。

（2）采样。到采样地点，架好采样器，将准备好的滤膜夹固定在采样滤斗中。

1）采样位置，一般在工人呼吸带，距采场、平巷作业工作面 5m 左右的下风侧，天井在安全棚下回风流中，采样高度距地面 1.5m 左右。

2）采样头方向。入口迎向风流，特殊情况（如天井有飞溅泥水）可垂直于风流。

3）采样开始时间。连续产尘作业开始 20min 之后，阵发性产尘作业，应在工人工作同时采样。

4）采样流量和时间。应使所采粉尘量不少于 1mg，时间不应小于 10min，流量为15~40L/min，并保持稳定。

在排尘风筒中，风速较高，含尘量也大，测尘时要求等速采样，以使对尘粒没有选择性。

11.3.2 粉尘分散度的测定

生产性粉尘对人体健康的危害，既取决于化学组成、浓度等因素，也与粉尘粒子的大小有密切的关系。因此，对作业场所生产性粉尘进行综合评价时，粉尘分散度的测定是一项必不可少的主要内容。

粉尘分散度是指各粒径区间的粉尘数量和质量分布的百分比。我国一般采用数量分布百分比。一般以直径大小的粉尘颗粒占全部粉尘粒子的百分比来表示。粉尘粒子的大小，通常指粉尘粒子的直径（几何投影直径），以 μm 表示。从卫生学观点出发，粉尘粒子的分散度可分为小于 2μm、2~5μm、5~10μm、大于 10μm 四个组分。5~10μm 的尘粒能较长时间悬浮在空气中，被吸入人体呼吸道的机会较多，称为吸入性粉尘。5μm 以下的尘粒最易侵入肺泡，称为呼吸性粉尘。普遍认为 1~2μm 的尘粒对肺脏的致纤维化作用较为明显。

粉尘分散度的测定方法和仪器类别很多，按测定原理分有筛分法、显微镜法、沉降法和细孔通过法等。测定数量分散度常用显微镜法，质量分散度常用沉降法。目前井下普遍采用的是显微镜法，现介绍如下。

11.3.2.1 样品制备

样品制备的方法主要有以下两种。

（1）滤膜涂片法。利用滤膜可溶于有机溶剂而粉尘不溶的原理，将采样后的滤膜，按均分法取有代表性的一部分，放于瓷坩埚（或其他器皿）中，加 1~2mL 醋酸丁酯溶剂，使溶解并充分搅拌制成均匀的悬浮液；取一滴加于载物玻璃片的一端，再用玻璃片推片，1min 后形成透明薄膜，即为样品。如尘粒过于密集，可再加入适量增溶剂，重做样品。

（2）滤膜透明法。将采样后滤膜，受尘面向下，铺于载物玻璃片上，在中心部位滴一小滴二甲苯（或醋酸丁酯），溶剂向周围扩散并使滤膜溶解形成透明薄膜，即为样品。滤膜上积尘过多时，不便观测。

11.3.2.2　试剂和器材

显微镜法所用到的试剂和器材包括以下几种。
（1）醋酸丁酯（醋酸乙酯，化学纯）。
（2）瓷坩埚（25mL）或小烧杯。
（3）玻璃棒。
（4）玻璃滴管或吸管。
（5）载物玻片（75mm×25mm×1mm）。
（6）显微镜。
（7）目镜测微尺。
（8）物镜测微尺。
（9）计数器。

11.3.2.3　观测

用显微镜法进行观测主要包括以下几个步骤。
（1）显微镜放大倍数的选择。一般选取物镜放大倍数为 40 倍，目镜放大倍数为 10~15 倍，总放大倍数为 400~600 倍，也可用更高的放大倍数。
（2）目镜测微尺的标定。粉尘粒子的大小是用放在显微镜目镜内的目镜测微尺来测量的（见图 11-10）。当显微镜光学系统放大倍率改变时，被测物体在视野中的大小也随之改变，但目镜测微尺在视野中的大小却不变，因此在测量时对目镜测微尺需事先用物镜测微尺进行标定。

物镜测微尺是一标准尺度，其长度为 1mm 分成 100 个等分刻度，每一分度值为 0.01mm，即 10μm（见图 11-11）。

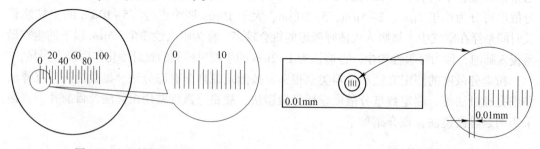

图 11-10　目镜测微尺图　　　　　　　　图 11-11　物镜测微尺图

标定时，将物镜测微尺放在显微镜载物台上，选定目镜并装好目镜测微尺。先用低倍物镜找到物镜测微尺刻度线并调到视野中心，然后换为选用倍数的物镜，调整焦距（先将物镜调至低处，注意不要碰到测微尺，然后目视目镜，缓慢向上调整），直到刻度清晰。再调整载物台，使物镜测微尺的一个刻度线与目镜测微尺的一个刻度线对齐，同时找出另一互相重合的刻度线，分别数出该区间两个尺的刻度数，即可算出目镜测微尺一个刻度的度量尺寸。如图 11-12 所示，两尺的 0 线对齐，另一重合线为目镜测微尺的 32 格与物镜测微尺的 14 格，则目镜测微尺每一刻度所度量的长度为 $(14×10)÷32=4.4\mu m$。

（3）测定。取下物镜测微尺，将样品放在显微镜载物台上，选定目镜和物镜，调好焦距，用目镜测微尺度量尘粒尺寸并记数，如图 11-13 所示。观测时，首先根据粉尘粒径分布状况及测定要求，划定计测粒径的区间。

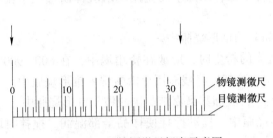

图 11-12　目镜测微尺标定示意图

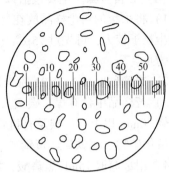

图 11-13　分散度测定示意图

11.3.3　粉尘中二氧化硅含量的测定

11.3.3.1　游离二氧化硅含量测定方法

测定粉尘中游离二氧化硅含量的方法有化学法（如焦磷酸质量法、碱熔钼蓝比色法等）和物理法（如 X 射线衍射法、红外分光光度法等）两类。目前井下普遍采用的是焦磷酸质量法。

（1）原理。硅酸盐溶于加热的焦磷酸而石英几乎不溶，以质量法测定粉尘中游离二氧化硅的含量。

（2）器材与试剂。所运用的器材与试剂包括以下内容：

1）硬质锥形烧瓶（50mL）、量筒（25mL）、烧杯（250~400mL）、玻璃漏斗（60°）等器皿；

2）温度计（0~360℃）；

3）玻璃棒（长 300mm，直径 5mm）；

4）可调式电炉（0~1100W）；

5）高温电炉（温度控制 0~1100℃）；

6）瓷坩埚或铂坩埚（带盖）、坩埚钳或尖坩埚钳、干燥器（内盛有变色硅胶）；

7）抽滤瓶（1000mL）；

8）玛瑙乳钵；

9）慢速定量滤纸（7~9瑙）；

10）粉尘筛（200 目，75μm）；

11）焦磷酸试剂，将 85%磷酸试剂加热，沸腾至 250℃不冒泡为止，冷却后，置塑料试剂瓶中；

12）氢氟酸；

13）结晶硝酸铵；

14）0.1mol/L 盐酸。

（3）采样。采集工人经常工作地点的呼吸带附近的悬浮粉尘。按滤膜直径为 75mm 的采样方法以最大流量采集 0.2g 左右的粉尘，或用其他合适的采样方法进行采样。当受采样条件限制时，可在其呼吸带高度采集沉降尘。

（4）分析步骤。主要包括以下几个步骤。

1）将采集的粉尘样品放在（105±3）℃烘干箱中烘干 2h，稍冷，贮于干燥器中备用。如粉尘粒子较大，可先过 75μm（200 目）粉尘筛，取筛下粉尘用玛瑙乳钵研细至手捻有滑感为止。

2）准确称取 0.1~0.2g 粉尘样品于 50mL 的锥形烧瓶中。

3）若样品中含有煤、碳素及其他有机物的粉尘时，应放在瓷坩埚中，在 800~900℃下灼烧 30min 以上，使碳及有机物完全灰化，冷却后将残渣用焦磷酸洗入锥形烧瓶中。若含有硫化矿物（黄铁矿、黄铜矿、辉钼矿等），应加数毫克结晶硝酸铵于锥形烧瓶中。

4）用量筒取 15mL 焦磷酸，倒入锥形烧瓶中，摇动搅拌使样品全部湿润。搅拌时取一支玻璃棒与温度计用胶圈固定在一起，玻璃棒的底部稍长温度计约 2mm。

5）将锥形烧瓶置于可调电炉上，迅速加热至 245~250℃，保持 15min，并且用带有温度计的玻璃棒不断搅拌。

6）取下锥形烧瓶，在室温下冷却到 100~150℃，再将锥形烧瓶放入冷水中冷却到 40~50℃，在冷却过程中，用加热（50~80℃）的蒸馏水稀释到 40~45mL，稀释时一边加水，一边用力搅拌混匀，使黏稠的酸与水完全混合。

7）将锥形烧瓶内液体小心移入 250mL 或 400mL 的烧杯中，用蒸馏水冲洗温度计、玻璃棒及锥形烧瓶。把洗液一并倒入 250mL 或 400mL 的烧杯中，并加蒸馏水稀释至 150~200mL，用玻璃棒搅匀。

8）将烧杯放在电炉上煮沸内盛液体，同时将 60°玻璃漏斗放置在 1000mL 抽滤瓶上，并在漏斗中放置无灰滤纸过滤（滤液中有尘粒时，须加纸浆），滤液勿倒太满，一般约在滤纸的 2/3 处。为增加过滤速度，可用胶管与玻璃抽气管相接，利用水流产生负压加速过滤。

9）过滤后，用 0.1mol/L 热盐酸（10mL 左右）洗涤烧杯并移入漏斗中，将滤纸上的沉渣冲洗 3~5 次，再用热蒸馏水洗至无酸性反应为止（可用 pH 值试纸检验）。如用铂坩埚时，要洗至无磷酸根反应后再洗三次，以免损坏铂坩埚。

10）将带有沉渣的滤纸折叠数次，放于恒重的瓷坩埚中。在 80℃的烘干箱中烘干，再放在高温电炉中炭化。炭化时要加盖并留一小缝隙，在炭化过程中，滤纸在燃烧时应打开高温电炉门。放出烟雾后，继续加温在 800~900℃中灼烧 30min，待炉内温度下降到 300℃左右时，取下瓷坩埚，在室温下稍冷后，再放入干燥器中冷却 1h，称至恒重并记录质量。

（5）计算：

粉尘中游离 SiO_2 含量＝［（坩埚及残渣质量－空坩埚质量）/粉尘样品质量］×100%

$$(11-6)$$

（6）粉尘中含有难溶物质的处理。当粉尘样品中含有难以被焦磷酸溶解的物质时（如碳化硅、绿柱石、电气石、黄玉等），则需要用氢氟酸在铂坩埚中处理。其目的是将混于残渣中未被溶解的微量硅酸盐及其他有色金属氢化物的含量减掉，当用氢氟酸处理时，可使残渣中的游离二氧化硅（石英）变成四氟化硅挥发掉（即氢氟酸处理过程中的减重为游离二氧化硅的量）。其操作如下：

1）向带有残渣的铂坩埚内（经灼烧至恒重后）加入数滴1∶1硫酸，使之全部湿润残渣。

2）加5~10mL 40%的化学纯氢氟酸（在通风柜内），稍加热使残渣中游离二氧化硅溶解，继续加热蒸发至不冒白烟为止（防止向上沸腾），再于900℃的温度下灼烧，干燥至恒重。

3）计算：

$$粉尘中游离 SiO_2 含量 = [(坩埚加残渣质量 - 经氢氟酸处理后的坩埚加残渣质量) / 粉尘样品质量] \times 100\%$$ (11-7)

11.3.3.2 游离二氧化硅含量测定的意义

医学研究已经证明，生产性粉尘中的游离二氧化硅，是致尘肺病的主要矿物成分，因此当今世界各国矿山的安全规程中，对作业环境空气中粉尘浓度允许值的规定，都是以粉尘中的游离二氧化硅含量值为依据。我国2006年修订的《煤矿安全规程》中第739条规定："作业场所空气中粉尘（总粉尘、呼吸性粉尘）浓度应符合表11-5的要求。"

表11-5 作业场所空气中粉尘浓度标准

粉尘中游离 SiO_2 含量/%	最高允许浓度/mg·m⁻³		粉尘中游离 SiO_2 含量/%	最高允许浓度/mg·m⁻³	
	总粉尘	呼吸性粉尘		总粉尘	呼吸性粉尘
<10	10	3.5	50~80	2	0.5
10~50	2	1	≥80	2	0.3

由此可见粉尘中游离二氧化硅的含量与尘肺病的发生发展有着密切的关系，所以全面掌握并做好游离二氧化硅的含量监测，对于有效预防控制职业病的发生尤为重要。

 复习思考题

11-1 说明粉尘产生的原因及其性质。

11-2 粉尘的危害有哪些？

11-3 粉尘测定的内容有哪些？

11-4 简述滤膜测尘质量法的原理及步骤。

11-5 什么是粉尘的分散度？其测定方法有哪些？

11-6 矿井综合防尘的措施是什么？

11-7 为了保证通风除尘的有效作用，对排尘风速有什么要求？

11-8 密闭抽尘的作用是什么？如何进行密闭抽尘？

11-9 如何进行个体防护？对防尘口罩有什么要求？

复习思考题参考答案

第2章

2-1 答：由地面清洁空气和一些有毒有害气体组成。地面清洁空气是由氧、氮、二氧化碳、氩、氖、水蒸气和其他一些微量气体所组成的混合气体；有毒有害气体通常有 CH_4，CO，CO_2，NO_x，SO_2，H_2S，H_2 等。

2-2（略）；2-3（略）；2-4（略）；2-5：约143L/min；2-6：1104 m^3/min；2-7（略）；2-8（略）；2-9（略）；2-10（略）；2-11（略）；2-12（略）；2-13（略）；2-14：$H=22$，适合轻微劳动 。

第3章

3-1（略）；3-2（略）；3-3：$1mmHg=13.6mmH_2O$；$1mmH_2O=9.8Pa$；3-4（略）；3-5：$1.25kg/m^3$；3-6（略）；3-7（略）；3-8（略）；3-9（略）。

第4章

4-1：左边水面高，读数是 20；4-2：187.3Pa；4-3：1604Pa；4-4：2259.6Pa；4-5：左侧下降，2.8mm；4-6（略）。

第5章

5-1（略）；5-2（略）；5-3：$0.000322kg \cdot s^2 \cdot m^4$ 和 $0.00316N \cdot s^2/m^4$；5-4（略）；5-5：$0.0824N \cdot s^2/m^8$，206Pa；5-6：135Pa；5-7（略）；5-8（略）；5-9（略）；5-10（略）。

第6章

6-1（略）；6-2（略）；6-3（略）；6-4（略）；6-5：CB 段由 C 向 B，风量为 14.5m^3/s；BD 段由 D 向 B，风量为 11.8m^3/s；AB 段由 B 向 A，风量为 20.5m^3/s；6-6（略）；6-7（略）；6-8（略）；6-9（略）；6-10（略）；6-11（略）；6-12（略）；6-13（略）；6-14（略）；6-15（略）。

第7章

7-1（略）；7-2（略）；7-3（略）；7-4（略）；7-5（略）；7-6（略）；7-7（略）；7-8（略）；7-9（略）；7-10：（1）应扩大到原来面积的 $(R/R')^{1/3}$ 倍；（2）降低到原来的 R'/R 倍。7-11：2/3；7-12：（1）$Q_1=19$ m^3/s，$Q_2=21$ m^3/s；（2）在巷道 1 中安设风窗。

第8章

8-1（略）；8-2（略）；8-3（略）；8-4（略）；8-5（略）；8-6：3.82m，1.012m^3/s；

8-7：约 $2m^3/s$；8-8：$1.92m^3/s$；8-9：长巷道掘进，可采用压抽混合式通风。

第 9 章（略）。

第 10 章（略）。

第 11 章（略）。

参 考 文 献

[1]《采矿设计手册》编委会. 采矿设计手册（矿床开采卷·下）[M]. 北京：中国建筑工业出版社，1988.

[2] 吴超矿井通风与空气调节[M]. 长沙：中南大学出版社，2008.

[3] 浑宝炬，郭立稳. 矿井通风与除尘[M]. 北京：冶金工业出版社，2007.

[4] 段永祥，王育军，普义，等. 单元式高效低耗通风系统的建立[J]. 矿业快报，2001(13):5-8.

[5] 古德生，李夕兵. 现代金属矿床开采科学技术[M]. 北京：冶金工业出版社，2006.

[6] 王英敏. 矿井通风与防尘[M]. 北京：冶金工业出版社，1993.

[7] 王英敏. 矿井通风与防尘习题集[M]. 北京：冶金工业出版社，1993.

[8] 谢贤平，严春风. 矿井通风自动监控系统数学模型的研究与实现[J]. 金属矿山，1995，5：24-28.

[9] 谢贤平，赵梓成. 矿井风流的稳定性分析[J]. 有色矿山，1992，5：22-27.

[10] 谢贤平. 人工智能在矿井通风系统优化设计与控制中的应用[D]. 北京：北京科技大学，1997.

[11] 赵梓成，张哲，周洵远，等. 非铀矿山排氡通风[M]. 北京：冶金工业出版社，1984.

[12] 黄元平. 矿井通风[M]. 北京：中国矿业大学出版社，2003.

[13] 吴超. 金属矿井主扇风硐压力损失分析及其改造方案[J]. 有色金属设计，1996（1）：13-14.

[14] 欧远方. 铜陵古采矿遗址和中国文明史[J]. 江淮论坛，1997（3）：73-76.

[15] 中国采矿史最大惨案揭秘[J]. 劳动保护杂志，1999（8）：21-24.